KB121627

과학, 일시정지

과학 선생들의 현대 과학 다시 보기

과학, 일시정지

가치를꿈꾸는과학교사모임 지음

양철북

머리말

도대체 왜 과학을 일시정지 시켜야 하는 것일까?

별걸 다 꿈꾸는 과학 교사들이 신나게 달려가고 있는 현대 과학에 일시정지 버튼을 눌렀다. 과학, 일시정지!

이 책에서 이야기하고 있는 영역들을 살펴보면 왜 현대 과학에 일시정지 버튼을 눌러야 하는지 이해할 수 있을 것이다. 이 책의 주제들은 기후 변화를 빼고는 모두 우리나라의 합의회의에서 다루어졌던 것들이다.

합의회의란 사회적으로 쟁점이 되는 사안(특히 과학기술이나 의료기술 등)을 전문가의 연구실 밖으로 불러내서 사는 곳, 학력, 하는 일도 다른, 그래서 생각도 다른 다양한 입장의 시민들이 쟁점 사항에 대해 합의를 이끌어내는 회의를 말한다. 물론 이 과정에서 그 주제에 관련된 전문가를 불러 의견과 설명을 듣고 토론도 하게 된다. 우리나라에서는 1998년 유전자 조작 식품 시민합의회의, 1999년 생명복제기술 시민합의회의, 2004

년 전력 정책에 관한 시민합의회의, 2006년 UCT(유비쿼터스 컴퓨팅 기술) 기술 영향 평가에 대한 시민합의회의, 2007년 동물 장기 이식 기술에 관한 시민합의회의가 이루어졌다.

이 합의회의는 선거 등을 통해 이루어지는 간접 민주주의의 한계를 보완하는 직접 민주주의의 한 형태인 셈이다. 1985년 덴마크 의회에서 원자력 에너지의 영구적인 포기를 결정할 때 강력한 영향력을 주었던 것이 바로 덴마크 시민합의회의의 합의 내용이었다고 한다. 그러므로 합의회의에서 다루어진 것들이 이 책의 내용을 구성한다는 것은 그 주제들이 그만큼 뜨겁고, 급하고, 많은 사람들에게 영향을 준다는 것을 의미한다.

오늘날 과학은 공기나 물, 환경과 같은 공공재의 성격을 많이 띠게 되었다. 우리는 과학에 의존하지 않고는 한순간도 살 수 없게 되었다. 하지만 과학은 우리에게 혜택을 주기도 하지만 피해를 입히기도 한다. 중요한 과학기술들은 우리가 낸 세금으로 연구가 진행되기도 한다. 그러므로 오늘날의 사회는 시민에게 한 가지 권리를 더 부여해야 할 것이다. 그것은 바로 과학의 발전 방향을 심의하는 과학적 시민권이다. 이 과학적 시민권을 행사하고 있는 합의회의가 우리 사회의 일시정지 버튼인 셈이다. 어떤 방향으로 과학이 발전해야 할 것인지 우리가 알고 스스로 판단할 기준을 마련한 뒤 다시 플레이 버튼을 눌러야 하는 것이다.

이러한 합의회의에서 다뤄진 주제로 이루어졌다는 것이 이 책의 첫 번째 특징이며, 두 번째 특징은 이야기가 있다는 것이다. 각 주제가 시작되는 첫 부분에 그 주제를 집약적으로 다루고 있는 우화, 콩트 등의 이야기를 넣었다. 그러니 혹시 책읽기가 재미없는 사람들은 이 이야기만이라도 읽었으면 좋겠다. 아마 한 권의 책을 몇십 분 만에 읽을 수 있는 아주 좋은 방법이 될 것이다.(물론 직관이 아주 뛰어나다면 말이다.)

이 책의 세 번째 특징은 학교 선생님들이 썼다는 것이다. 우습지만 학교를 벗어나서도 선생님들은 입만 열면 낯선 사람들조차 '아, 저 사람은 선생이군……' 하고 알아본다. 항상 무엇이든지 조리 있게 설명하고 해석하려 들기 때문이다. 이 책을 읽는 독자들에게 더 쉽게 설명할 수 있는 조건을 갖춘 셈이다. 그러니 과학기술에 익숙지 않은 사람이라도 어렵지 않게 읽을 수 있다. 게다가 그 선생님들이 과학을 전공했으니, 생명복제, 동물 실험, 원자력, 기후 변화, 나노, 유비쿼터스 등의 과학이 만들어내는 사회적 영향력과 제반 현상을 설명할 때는 우선 과학적 원리부터 충실히 풀어갔다. 물론 선생님답게 쉽고 조곤조곤하게 말이다.

네 번째 특징은 정답을 요구하고 있지 않다는 것이다. 이 책은 하나의 결론을 내리지 않고 대신 다양한 정보를 제공한다. 물론 결론은 책을 읽는 독자의 몫이다. 과학도 사회 속에서 태어나고 성장하고 변신한다. 그래서 사회를 움직이는 자본과 권력의 움직임에 민감하게 반응한다. 사회를 구성하는 각계각층의 이해와 요구에 의해서 과학은 다른 모습으로 변신을 할 것이다. 예를 들어 기후 변화를 다루는 거대과학기술에서 등장하는 지구공학적인 방법을 설명하면 남자 중학생들은 "와우!"를 연발한다. 반면 여고생들은 샐쭉하며 "차라리 도라이몽을 불러서 해결하라고 하지" 한다. 이러한 반응 역시 존중되어야 한다. 물론 가능하면 판단을 내릴 때는 우리가 사는 이 사회가 다양한 입장과 처지의 사람들이 모인 곳이라는 점, 지금 우리 세대만 잘 먹고 잘 살면 그만이 아니라 우리 다음 또 그다음 세대에도 건강하게 지속되어야 한다는 점을 잊지 말도록 하자.

끝으로 이 책은 학생들과 일반인들과 과학 교사 모두를 위해서 썼다. 잔뜩 자랑을 늘어놓았지만 부족한 부분도 많다. 아무쪼록 그 의미만은 퇴색되지 않고 읽혔으면 좋겠다. 교실을 뛰쳐나와 세상을 향해 직접 이야기를 하는 과학 교사들의 의미 있는 용기가 세상을 조금이라도 아름답게 할 수 있으면 하는 바람이다.

2009년 8월 1일

김 추 령

차례

1장 + 지구를 지키는 독수리 오형제 +

: 기후 변화를 막는 거대과학기술

펭귄족과 바다표범족의 비상 시국 회의

여기는 남극의 한 빙붕. 펭귄과 바다표범들이 모여 있다. 자못 긴장된 분위기다. 평소 바다표범과 펭귄은 천적 관계이지만, 지금은 잠시 휴전 상태다. 그만큼 오늘 회의는 중요하다.

"에헴. 공사다망하신데도 이렇게 모여주신……."

"본론으로 바로 들어갑시다. 언제부터 우리가 인사하고 살았다고."

황제 펭귄의 거드름에 여기저기서 야유가 터졌다. 고요했던 빙붕 위는 팽팽한 신경전으로 갑자기 소란스러워졌다.

"네, 네, 그럼 본론으로 들어가서, 우리가 오늘 여기에 모인 것은……."

"의장, 의사 진행 발언 있습니다. 저쪽의 회색 바다표범이 자꾸 이빨을 드러내는데, 어디 무서워서 말이나 하겠습니까? 이빨을 드러내지 못하도록 강력한 조치를 취해주십시오."

젊은 펭귄이 짧은 팔을 팔랑거리며 큰 소리로 항의했다.

"니들이 자꾸 뒤뚱거리면서 나를 자극하니까 그렇지……. 알았어, 알았어. 내 입 다물지."

"자, 자, 여러분, 오늘은 우리가 모인 이유만 생각하기로 합시다."

나이 지긋한 펭귄이 젊은 펭귄을 진정시키며 말했다.

"오늘 이렇게 대책 회의를 열게 된 것은 남극 바다에 막대한 양의 비료가 뿌려진 사건 때문입니다. 바다에 비료를 대량 살포하는 인간들을 막으려는 펭귄 종족 화이트피스 단체의 행동을 바다표범 종족이 방해한 것은 다 아실 겁니다."

"남극의 바다가 비료로 오염되면 우리 모두가 살기 힘들어집니다. 보십시오. 벌써 새우 수가 부쩍 줄었습니다. 어떤 것들은 상태가 좋지 않습니다. 잘 움직이지도 못합니다. 이것을 막자는 건데 왜 바다표범들은 방해하는 겁니까? 혹시 인간들의 스파이가 아닌지 의심스럽습니다."

화이트피스 단체의 로고가 새겨진 배지를 달고 있는 펭귄의 말에 가장 나이가 많아 보이는 바다표범이 앞발을 벌리고 조용히 이야기하기 시작했다.

"하나만 알고 둘은 모르는 소리입니다. 이 늙은이의 경험에 따르면 이런 일에 행동부터 하는 건 좋지 않아요. 당장은 바다가 오염되고 녹조류와 플랑크톤이 지나치게 많아져서 물이 탁해지고 눈이 아프고 먹잇감이 줄어들어 보이겠지요. 하지만 생각해보십시오. 인간들이 왜 이런 행동을 하겠습니까? 그들은 플랑크톤을 주식으로 하지도 않아요. 먹지도 않을 플랑크톤을 왜 많이 번식시키려고 하는 것일까요? 그건 바로 얼음 때문입니다. 최근 남극의 얼음이 눈에 띄게 무너져 내리고 있습니다. 라르센 B 빙붕의 거대한 모습이 흔적도 없이 사라진 사실을 여러분들도 잘 알지 않습니까?"

"얼음이 없어지는 걸 플랑크톤이 어떻게 막는다는 거야, 엄마?"

막 알에서 부화한 새끼 펭귄의 말에 엄마 펭귄이 두꺼운 뱃살 사이로 아이를 밀어 넣으며 말했다.

"플랑크톤은 온난화를 일으키는 이산화탄소를 먹으면서 자라거든. 광합성이란 걸 하면서 말이야. 그래서 남극이 더워지는 것을 막을 수 있는 거래. 쉿, 조용히 하자."

?
이 철없는 것들!
엄마, 나도 광합성 할래!
이산화탄소 줘!
여기 철 많은데요?

나이 많은 바다표범이 말을 이었다.

"남극의 빙붕이 없어지면 우리의 생존도 보장받지 못합니다. 따라서 녹조류와 플랑크톤을 대량으로 키워 이산화탄소를 줄여서 지구의 기온이 올라가는 것을 막으려는 인간들의 행동을 방해해서는 안 됩니다. 우리의 생존권과도 연결되어 있기 때문이에요."

병색이 짙은 펭귄 한 마리가 짧은 팔을 팔랑거려 발언권을 얻었다.

"저……, 저는 펭귄이지만 바다표범의 의견에 찬성이에요. 저는 얼마 전 난생처음으로 적도 부근의 더운 나라에 다녀왔지 뭐예요? 물론 가려고 해서 간 게 아니었어요. 글쎄, 옆집 펭순이네와 애들 키우는 문제로 수다를 떨고 있는데, 갑자기 멀쩡하던 얼음이 쩍 하고 갈라지더니 둥둥 흘러가는 게 아니겠어요. 그냥 그러다 말 줄 알았어요. 근데 우리가 탄 얼음이 어느새 브라질의 리우데자네이루까지 흘러가고 말았어요. 물론 그 덕에 군함을 얻어 타고 돌아오긴 했지만……."

"으이구, 주책바가지 여편네야, 얼른 뛰어내렸어야지."

"돌펭이 아빠, 가만 좀 있어봐요. 누가 그렇게 먼 곳까지 흘러갈지 알았나요. 이게 다 지구가 더워지는 바람에 얼음이 녹아서 일어나는 일이라고 하더라고요."

"큰 봉변을 당할 뻔했군요. 불행히도 해마다 이런 사고가 일어나고 있습니다. 이런 사고가 다시 일어나지 않으려면 지구 온난화를 막는 방법밖에 없긴 합니다만……."

사회를 보던 펭귄이 자신 없는 소리로 말했다.

"일리가 있습니다만, 온난화 문제가 하루아침에 해결되겠습니까. 지금부터 이산화탄소를 줄여도 20년 후에나 그 효과가 나옵니다. 그렇다면 어차피 이 일은 장기적으로 봐야 하지 않을까요?"

펭귄 무리에서 발언들이 터져 나왔다.

"옳소! 소 잃고 외양간 고치려면 제대로 고쳐야지요. 엉성하게 부러진 나무에 풀칠한다고 나무가 붙습니까? 남극 바다에 비료를 마구 뿌려대 영양이 과도해져 생태계가 파괴된다면 피해를 입는 것은 우리 남극 동물들뿐일까요?"

"아, 저도 한마디 하겠습니다."

목이 유난히 두꺼워 가만히 있어도 목에 힘주고 있는 것 같은 펭귄이 발언권을 얻었다.

"저의 연구에 따르면, 아, 저는 해양 생태계를 연구하고 있는 과학자입니다. 녹조류와 플랑크톤에 의해 지나치게 많은 이산화탄소가 남극 바다에 풀리면 바다가 사이다와 같은 산성이 됩니다. 이로 인해 갑각류 등은 개체 수가 줄고 행동이 느려집니다. 에~또, 이것은 밝혀진 피해일 뿐이고 어떤 피해가 더 생길지는 예측할 수 없어요."

"맞아요. 이게 웬 날벼락입니까. 지구를 이렇게 만든 것이 우립니까? 인간들이 에너지를 홍청망청 써댔기 때문 아닙니까? 지금도 보세요. 요즘 개가 끄는 썰매를 타고 다니는 에스키모는 찾아보기 힘들어요. 다들 엔진이 달린 눈차를 타고 다니잖아요. 그런데 왜 우리가 이런 피해를 당해야 합니까. 너무 억울해요. 인간이 하는 일이 보나마나 뻔하지 않습니까? 한 치 앞도 내다볼 줄 몰라요."

펭귄들은 너도나도 앞다투어 나이 많은 바다표범의 의견에 반대를 했다.

"하지만 여보슈, 당신도 방귀 뀌잖아. 내가 듣기로 당신이 방귀 대장이라고 하던데, 방귀 가스인 메탄도 온난화를 일으키는 온실가스라고. 알지도 못하면서. 당신도 책임이 있다고!"

눈을 떼룩떼룩 굴리며 불량해 보이는 바다표범이 비아냥거렸다.

"고럼, 고럼, 맞다고. 인간들이 얄밉긴 하지만 그렇다고 얼음이 녹아내리는 것을 가만히 앉아서 보고만 있을 수는 없잖아."

"맞아, 맞아……. 펭귄들은 뒤뚱거리는 것밖엔 할 줄 아는 게 없다니까, 이런 멍충이들……."

"뭐라고, 멍충이라고……?"

어느새 회의는 아수라장이 되었다. 서로 한 치의 양보도 없이 깽깽거리며 킁킁거리며 옥신각신하는 사이에 겨울 남극의 짧은 해가 꼴까닥 져버렸다.

당신은 데워지고 있는 물속의 개구리?

시끄러운 남극 회의가 어떻게 결론이 났는지 궁금하군요. 자, 오늘은 지구 온난화를 막는 방법에 대해 이야기해보려고 해요. 소가 뀌는 방귀에도 세금을 매겨야 한다는 얘기까지 나올 정도로 온 세상이 온난화 때문에 떠들썩합니다. 소 방귀도 온실가스냐고요? 그럼요. 방귀의 주성분인 메탄가스는 지구를 온난화시키는 온실가스랍니다.

어쨌든 남극의 동물들은 난리를 칠 법도 해요. 북극곰들이 익사하고 있다는 소식이 들리니까요. 지난 20년간 빠른 속도로 빙붕이 녹으면서 곰들이 먹이를 찾아 헤엄쳐야 하는 거리도 두 배로 늘었어요. 북극곰은 빙붕 가장자리의 얇은 얼음에 구멍을 뚫고 올라오는 물개를 잡아먹고 살아요. 그런데 얼음이 녹아내리는 바람에 먹이를 찾아 먼 바다로 나가게 되었죠. 곰들이 헤엄칠 수 있는 최대 거리는 100킬로미터라고 해요. 일반적으로 북극곰들은 25킬로미터 정도는 무리 없이 헤엄칠 수 있지만, 100킬로미터가 넘으면 힘이 빠지고 체온이 떨어져 익사하고 말아요. 몸을 기대고 숨을 쉴 얼음 덩이를 만난다 해도 위험한 건 마찬가지죠. 대개는 너무 얇거나 작아서 육중한 곰들의 무게를 견디지 못하니까요.

이런 온난화의 피해는 동물들의 세계에서만 일어나는 걸까요?

열흘 이상 계속되는 메가톤급 산불로 하늘은 온통 연기로 얼룩져 있다. 슈퍼 태풍이 불어닥쳐 도시는 물에 잠겼고 사람들은 지붕 위에서 구조의 손길을 애타게 기다리며 밤을 지새운다.

또 다른 곳에서는 30년 이상 계속되는 가뭄으로 대기근이다. 배만 불룩 튀어나온 아이들이 굶주림과 그로 인한 질병으로 죽어가고 있는 이 나라의 평균 수명은 고작 35.5세. 태어나 5년을 넘기지 못하고 사망하는 영유아 사망률이 80퍼센트에 육박한다. 죽여도 죽여도 없어지지 않는 극성스러운 모기떼가 말라리아를 옮기면서 해마다 5억 명 이상이 말라리아에 걸린다. 지구촌 여기저기에서 갈색 여치 떼가 탐스러운 과일들이 주렁주렁 달린 과수원을 통째로 먹어치우고 있다. 봄, 여름, 가을, 겨울 사계절이 없어지고 건기와 우기로 바뀌어버렸다. 해수면이 점점 높아지면서 몇 년 사이에 수십 개의 섬이 지도에서 사라졌다. 집이 일곱 번이나 물에 휩쓸려 갔다는 여인은 한쪽 눈을 실명한 채, 언제 부서질지 모르는 판잣집에 기대어 힘겨운 하루를 살고 있다.

지구 멸망을 그린 영화의 한 장면일까요? 아니면 현대판 지옥의 모습? 아닙니다. 2007년 지구 온난화로 인해 일어난 지구촌 재해의 극히 일부만을 모아놓은 것입니다. 아직도 온난화가 먼 미래의 일처럼 느껴지나요? 그렇다면 당신은 개구리의 처지가 될지도 몰라요. 서서히 데워지고 있는 물속의 개구리는 점점 뜨거워지는 줄도 모르고 있다가 결국은 팔팔 끓는 물에서 죽고 말아요. 마찬가지로 우리가 살고 있는 지구도 뜨거워지고 있는 물이랍니다.

특히 한국은 환경 재앙이 일어날 가능성이 높은 곳으로 꼽혀요. 삼면이 바다로 둘러싸인 반도인 데다 최근 눈부신 경제 성장을 이루어 세계의 굴뚝이라 불리는 중국이 바로 옆에 있고, 인구 밀도도 매우 높기 때문이죠. 한 연구기관에서 천연자원의 양, 과거와 현재 오염 수준, 환경 정책, 환경 개선 능력 등 76개 항목을 조사해 '환경 지속성 지수와 온실가스 배출량'을 측정했는데, 한국이 기후 변화에 따른 자연 재해나 질병 발생에 가장 취약한 국가로 나타났어요. 이런 일로 나라를 빛내다니 안타깝지만, 실제로 우리나라는 다른 나라에 비해서 기온 변화가 3배나 더 빨리 일어나고 있어요. 지난 100년간 한반도의 기온 변화는 세계 평균보다 3배나 높은 1.5°C였어요. 우리 서해안에는 작은 섬들이 점점이 박혀 있어, 아름다운 풍경을 연출하지요. 하지만 기온이 계속 올라간다면 머지않아 서해안 지도를 다시 그려야 할 거예요.

지구 온난화

그럼 먼저 온난화가 무엇이고 왜 그런 현상이 일어나는지 알아볼까요? 그래야 대책을 세울 수 있을 테니까요.

온난화는 지구가 내보내는 복사에너지를 온실가스가 통과시키지 않고 흡수하면서 일어나요. 온실가스는 태양 복사에너지처럼 파장이 짧고 에너지가 센 복사선은 잘 통과시키지만, 지구 복사에너지처럼 파장이 길고 에너지가 작은 복사선은 흡수하게 돼요. 에너지를 흡수한 대기는 다시 에너지를 재방출해요. 그런데 이때 지구 밖 우주로도 내보내지만, 대기 안쪽에 있는 지표면에도 방출하게 됩니다. 물론 최종적인 에너지의 수입과 지출을 보면 지구는 태양 복사에너지를 받은 만큼 내보내게 되어 지구의 온도가 더 올라가는 것을 막아요. 평형을 이루는 것이지요. 그런데 최근 이 온실가스 중 일부의 양이 지나치게 많아지면서 대기가 지구 복사에너지를 흡수하는 양이 증가하게 되었어요. 지구 복사에너지를 더 많

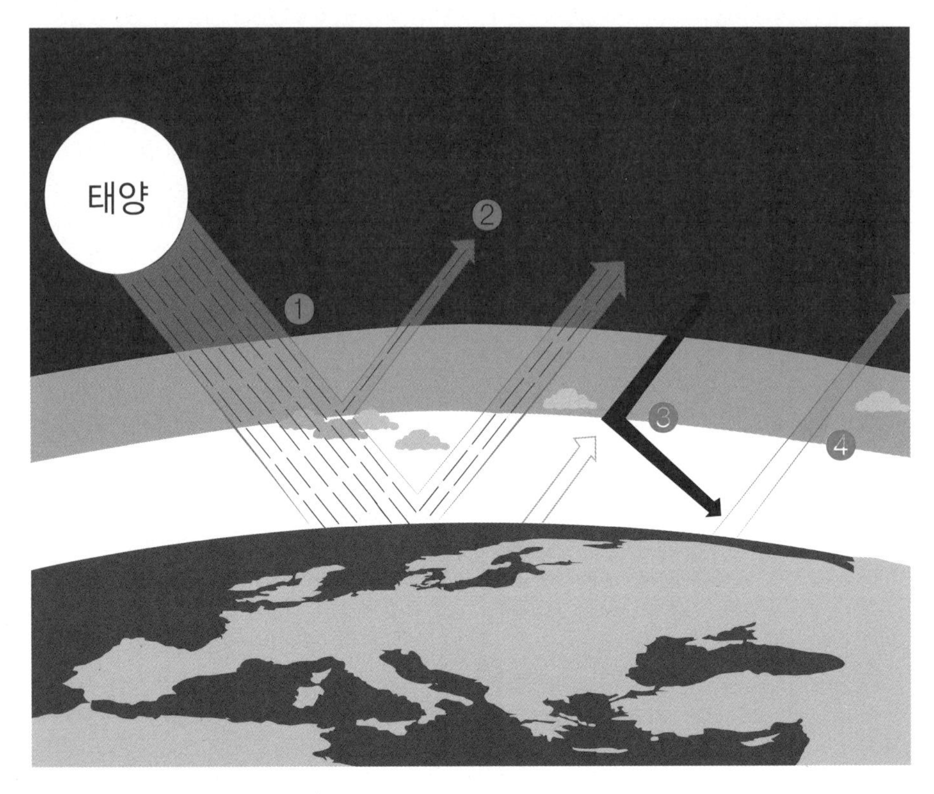

❶ 태양광선은 지구 대기를 통과한다.

❷ 일부 태양광선은 지구와 대기에 의해 반사된다.

❸ 지구 복사선과 같은 적외선 복사는 대기의 온실가스에 의해 흡수된다. 대기는 흡수한 지구 복사선을 다시 방출하는데, 이때 일부는 우주로, 일부는 지구표면으로 다시 흡수되어 지구의 온도를 올리게 된다.

❹ 태양광선은 지구 표면에 흡수되었다가 다시 방출되는데, 이때는 에너지가 크지 않아 적외선 형태로 방출된다.

이 흡수한 대기는 그것을 다시 우주와 지표면으로 더 많이 내보내겠지요. 따라서 지구가 받는 양이 늘어나 기온이 올라가게 돼요. 물론 다시 복사 평형은 일어나겠지만, 그만큼 온도가 올라간 상태에서 복사 평형이 일어나는 것이지요. 예를 들어 금성은 이산화탄소로 이루어진 두꺼운 대기 때문에 온실 효과가 지나치게 크게 작용하여 지표면의 온도가 460°C나 된답니다.

대기 중에서 온난화를 일으키는 온실가스로는 이산화탄소, 메탄, 일산화이질소, 프레온 가스 등이 있어요. 그중 온난화의 주범으로 꼽히는 것은 이산화탄소입니다. 물론 이산화탄소가 특별히 온난화를 일으키는 힘이 센 것은 아니에요. 하지만 산업혁명 이후 화석연료 사용량이 폭발적으로 증가하면서 발생한 이산화탄소 양을 따라갈 수는 없지요. 지금은 이산화탄소가 전체 온실가스의 80퍼센트를 차지할 정도니까요.

그러니 지구 온난화로 인한 기후 변화를 막기 위해서는 이산화탄소의 양을 줄이는 것이 가장 중요해요. 그래서 세계 각국에서는 이산화탄소를 줄이기 위해서 노력하고 있어요. 이산화탄소는 자동차와 같은 운송 수단이나, 발전소와 공장 굴뚝 등에서 나와요. 그러니까 이산화탄소를 줄이려면 교통량을 줄이고, 전력 생산을 줄이고, 산업 활동에 사용되는 화석 에너지를 줄여서 공장의 굴뚝을 좀 쉬게 해야 해요.

그런데 최근 굴뚝에서 나오는 이산화탄소를 줄이기보다는 배출된 이산화탄소를 아예 없애는 기술을 연구하는 사람들이 있어요. 도대체 어떻게 그런 기술이 가능하다는 것일까요?

미국의 나엉뚱 박사는 이산화탄소를 없애는 기술을 연구하고 있어요. 그런데 잠깐, 박사님이 뭐라고 푸념을 하시네요.

"문제야, 문제. 이렇게 좋은 과학기술을 두고 왜 이러쿵저러쿵 말들이 많은지. 이 무지몽매한 사람들을 어떻게 이해시킬꼬. 과학의 길은 길고도 험난하군. 지구 온난화가 문제라면 고치면 될 걸, 이렇게 난리들이라니. 인간이 동물과 다른 것은 사고하는 능력을 가졌다는 거지. 사고 능력은 과학이라는 위대한 학문적 성과를 낳았고. 오늘날 우리가 숨 쉬고 먹고 싸고 하는 모든 것 중 과학의 힘을 빌리지 않은 것이 어디에 있는가? 대도시에서도 공기정화기의 힘을 이용해서 깨끗한 공기로 숨을 쉴 수 있고, 화학비료를 개발해 곡식 생산량을 늘리고, 작은 수압으로도 변기의 물을 싹 쓸어내리고 정화조 구린 냄새가 올라오는 것을 막아 수세식 화장실에서 만화책을 낄낄거리며 읽을 수 있게 된 것도 다 사이펀의 원리를 이용한 과학기술의 힘이 아니고 뭐란 말인가! 온난화? 그까짓 것도 과학의 힘으로 해결할 수 있고말고. 나, 이 위대한 과학자에게 연구비만 충분히 준다면 지금 당장이라도 실현시킬 수 있어.

'온난화 꼼짝 마 프로젝트'는 말하자면 지구에 선글라스를 끼우자는 거야. 자외선을 차단하는 거지. 자외선을 차단할 수 있다면 지구의 온도는 획기적으로 떨어질 거야. 별로 어려울 것도 없어. 이미 러시아나 미국에서도 우주의 일정한 궤도에 태양빛을 반사시키는 원반을 띄워 올려 태양을 인위적으로 조절하는 기술을 선보인 바 있잖아? 태양빛의 방향을 반사시켜 밤을 낮으로 만드는 것도 이미 시도되었고 말야. 쩝, 성공은 못했지. 로켓에 장착해 쏘아 올린 거대한 원반의 날개가 펴지지 않아 바다 속에 처박히는 사소한 실수가 있었지만, 그건 러시아 정부에서 연구비를 삭감했기 때문에 벌어진 일일 뿐이라고. 문제는 연구비야. 나사에서 연구비를 지원받고 있는 내 '온난화 꿈짝 마 프로젝트'는 절대 실패하지 않을 거야. 그런데 여기저기서 걸고넘어지는 인간들 때문에 여론에 밀려 연구비가 삭감될 처지에 놓였으니…….

내가 생각하는 선글라스는 작고 가벼운 원반이야. 태양풍에 날아가지 않도록 도넛 모양으로 가운데 구멍이 뚫려 있지. 이 원반을 셀 수 없이 많이 만들어 지구와 태양 사이에 띄워 올리는 거지. 지구로부터 약 150만 킬로미터 지점에서는 태양과 지구의 인력이 서로 상쇄되어 마치 정지한 것처럼 이 원반들이 자리를 잡고 있을 수 있거든. 인공위성처럼. 30년 동안 들어가는 비용이 약 4조 원에 이르니까 시간과 비용이 좀 들긴 하지. 하지만 태양으로부터 지구로 오는 빛을 2퍼센트 가량 줄일 수 있어. 지구의 온도가 올라가지 않도록 그 싹을 자르는 거지.

경쟁자들도 많아. 높이가 60미터 정도 되는 거대한 파리채를 만들자는 프로젝트도 있어. 그걸로 파리를 잡자는 게 아냐. 이산화탄소를 잡자는 거지. 그 파리채에 이산화탄소와 잘 결합하는 화학물질을 얇게 발라 대기 중을 왔다 갔다 하면 이산화탄소를 효과적으로 없앨 수 있다고 해.

또 웰빙 시대에 맞춰 자연환경을 이용해 이산화탄소를 없애겠다는 경쟁자도 있어. 바다에 거대한 광합성 공장을 건설하는 거지. 플랑크톤과 녹조류를 엄청나게 늘려서 그것들의 광합성을 이용해 이산화탄소를 줄인다는 거야. 그것 때문에 바다에 비료를 무진장 뿌린다는군. 연구를 시작한 지도 어언 20년이 되었는데, 그동안 썰렁하더니 요즘은 그걸 연구하

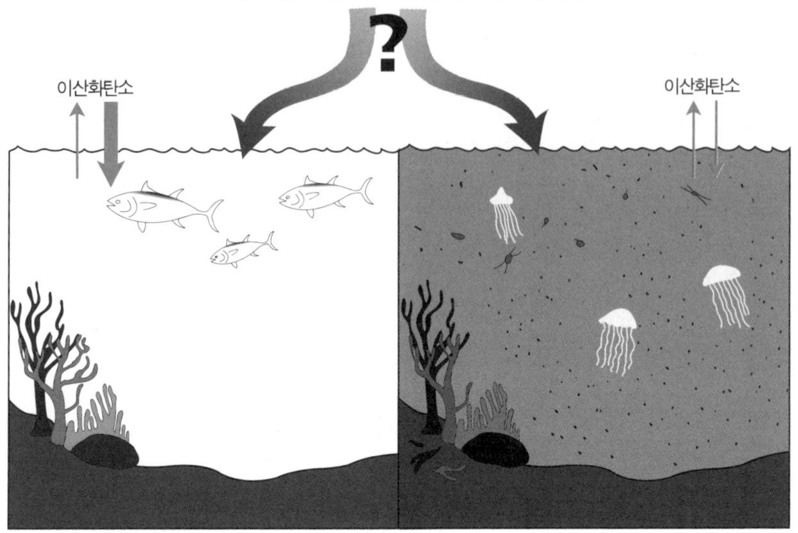

식물의 성장에 필요한 철을 바다표면에 뿌리면 광합성을 하는 식물성 플랑크톤이 급증하여 대기 중 이산화탄소의 양을 효과적으로 흡수하고, 어류를 번성하게 할 것이라는 예측이 있다. 그러나 한편에서는 광합성의 증가로 해양 표면 수온 상승, 급격하게 번식한 플랑크톤으로 인한 해양생태계의 붕괴위험, 철이 깊은 바다 속으로 가라앉아 산화되면서 깊은 해양의 산소를 고갈시키는 문제, 플랑크톤의 사체 등이 분해되면서 발생하는 또 다른 온실가스인 이산화질소나 메탄의 양이 급증하는 등 많은 문제들이 있을 거라 예상하기도 한다.

는 회사 주가가 뛴다는군. 그만큼 기대가 크다는 거지.

또 노벨 화학상을 받은 친구가 술자리에서 한 말인데, 인공적으로 화산이 폭발한 것과 같은 효과를 내보자는 거야. 대기 중에 황 성분을 대량으로 살포하면 미세한 황 입자가 햇볕을 차단하는 효과를 보인다는 거지. 대단해, 대단해. 나의 경쟁자들이지만, 참 대단해. 그런데 무지몽매한 일부 극소수 과격 환경단체들이 딴죽을 걸고 있으니……."

휴, 기상천외한 아이디어들이군요. 그런데 나엉뚱 박사의 말처럼 이러한 아이디어들이 실제로 연구되고 있는 것일까요? 살짝 살펴보도록 하지요.

첫 번째 아이디어는 일명 우주거울 작전이라고 불러요. 거울을 지구와 태양 사이에 설치해 햇빛을 차단한다는 거지요. 아주 가는 실들을 촘촘하게 엮어 만든 망을 이용해 적외선 일부를 걸러내어 지구 대기에 도달하지 못하도록 합니다. 더 나아가 지름이 약 60센티미터, 두께는 1밀리미터도 안 되는 투명한 얇은 필름 원반을 16조 개 정도 우주에 띄워 지구로 오는 햇빛의 2퍼센트 가량을 차단하자는 의견도 있어요. 투명한 필름은 가운데 작은 구멍이 뚫린 원반 모양을 하고 있기 때문에 강한 태양풍에도 궤도를 이탈하지 않을 거라고 해요. 그러나 이렇게 인위적으로 햇볕의 양을 줄일 경우 지구에 일어날 기후 충격 효과를 걱정하는 과학자도 있어요.

두 번째 아이디어는 바다 비료 작전이라고 부를 수 있어요. 식물을 이용해 이산화탄소를 흡수하게 하자는 방안이죠. 예를 들어 육지에 대규모 숲을 조성하거나 해양에 해조류를 번식시켜 이산화탄소를 흡수하게 하자는 것입니다. 그래서 이산화탄소를 최대한 흡수할 수 있도록 나무 종을 유전적으로 조작하는 연구를 하고 있어요. 또 암모니아와 철 성분이 부족하면 해조류가 제대로 성장하지 못한다는 점에서 힌트를 얻어 해양 표면에 철 함유량이 높은 비료를 뿌려 해조류를 번식시키는 것을 연구 중입니다. 벌써 어떤 회사는 이러한 기술을 이용한 상품을 개발해 이산화탄소 배출권 거래시장에 내놓을 계획까지 세우고 있다고 해요. 그러나 문제도 있어요. 바다에 다량의 비료를 뿌리면 적조 현상이 심해진다는 점, 이산화탄소 농도가 증가하면 바닷물의 산성화가 심해져 해양 생태계에 나쁜

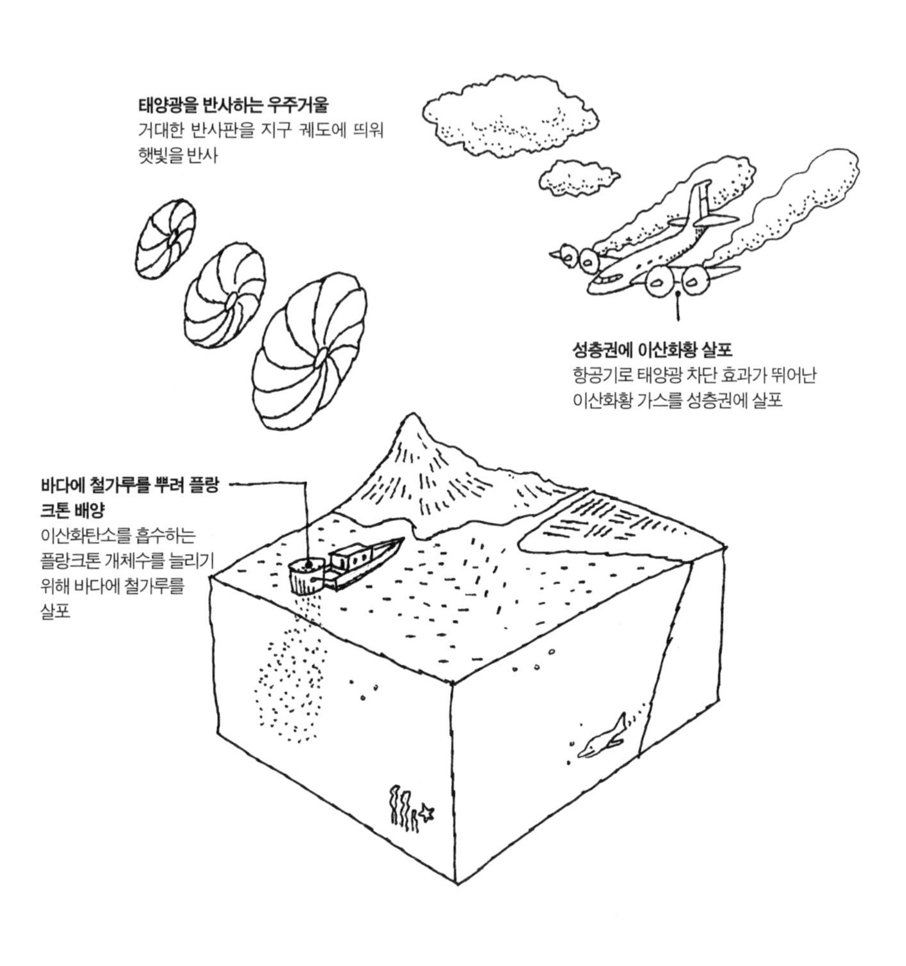

지구의 온도를 낮추는 기술들
(*출처 : www.greenwala.com)

영향을 준다는 점이에요.

세 번째 아이디어는 이산화탄소 감금 작전이에요. 이산화탄소를 지하나 해저의 큰 구멍에 가두어두는 거예요. 채굴이 거의 끝난 석유 유정이나, 석탄을 캐내 쓸모없어진 광산에 이산화탄소를 가둡니다. 노르웨이의 한 석유회사에서는 1996년부터 천연가스를 생산하는 과정에서 생기는 이산화탄소를 북해 바닥에 매년 100만 톤씩 저장하고 있어요. 미국의 한 공장에서는 파이프라인을 통해 330킬로미터나 떨어진 캐나다 폐유정에 이산화탄소를 저장하고 있고요.

네 번째 아이디어는 이산화탄소를 익사시키는 거예요. 발전소 굴뚝에서부터 직접 포집한 이산화탄소를 파이프라인을 통해 1,500~3,000미터의 심해로 보내는 거지요. 심해로 수송된 가스는 높은 수압으로 인해 액화 상태가 됩니다. 액화된 이산화탄소는 별도의 저장소 없이 그냥 해저 바닥에 버려지게 되는 거지요. 세번째의 경우도 마찬가지지만 문제는 이 액화가스가 계속 그 장소에 머물 것이라는 보장이 없다는 거예요. 만약 저장된 이산화탄소가 갑자기 대기 중으로 방출되기라도 하면 치명적인 대량 살상을 불러올 수도 있다고 해요. 이산화탄소는 농도가 낮을 때는 인체에 해가 없지만 농도가 짙을 경우에는 살상용 가스가 될 수도 있다고 합니다.

다섯 번째 아이디어는 인공 화산 분출 작전이에요. 독일 막스프랑크 화학연구소의 파울 크뤼첸(Paul J. Crutzen) 박사의 아이디어예요. 1995년 노벨 화학상을 받은 크뤼첸 박사는 학술지에 기고한 보고서에서 "지구 상층부 대기에 황 입자를 뿌려 햇빛과 열을 우주로 되돌려 지구 기후를 냉각시킬 수 있다"고 주장했죠. 지표면에서 10~40킬로미터 떨어진 성층

권에 황산을 실은 로켓을 발사해 일종의 지구 차양막 구실을 하도록 한다는 것입니다. 하지만 엄청난 양의 황산이 대기에 배출됐을 때 어떤 결과가 생길지는 아무도 예측할 수 없어요. 다만 공기 중의 황산이 호흡기 질환을 일으키고 산성비를 유발해 동식물에 치명적인 영향을 끼친다는 것은 틀림없어요. 그럼에도 지구 온난화로 인한 재앙보다는 피해가 적을 거라고 크뤼첸 박사는 주장해요.

조금 황당하기도 하지만 한편으로는 기발하기도 합니다. 지구 온난화를 과학기술의 힘으로 해결하려는 것은 지구의 상태를 인위적으로 조절하는 것이기 때문에 또 다른 문제점을 불러올 수 있겠지요. 하지만 온난화의 피해가 속속 드러나고 있어 마냥 손 놓고 기다릴 수만은 없겠죠. 시간이 많지 않다고들 해요. 하지만 더디 가더라도 제대로 가야 한다는 따끔한 충고의 소리도 만만치 않아요.

과학기술만으로는 해결할 수 없는 문제들

과학은 인류 문명을 발전시켜왔고 오늘날에는 인간의 탄생과 수명의 영역에까지 개입하게 되었어요. 그러니 온난화로 인한 기후 변화라는 문제 앞에서도 인간은 당연히 과학기술의 힘을 빌리려고 하겠죠.

하지만 과학기술은 두 얼굴을 가지고 있어요. 지금부터 그 이야기를 해볼게요. 프리츠 하버(Fritz Haber)라는 과학자가 있었어요. 하버가 대기 속 질소를 고정화하는 법을 발견한 덕분에 대량으로 비료를 만들 수 있게 되었어요. 당시 기아에 허덕이던 많은 나라들이 식량을 자급자족할 수 있게 되었죠. 이 비료의 개발로 하버는 1918년 노벨 화학상을 받았어요.

그런데 하버 덕분에 굶주림은 해결되었지만 문제도 생겼어요. 화학 질소 비료를 과도하게 사용하다 보니 토양은 점점 척박해지고, 그러면 더 많은 비료를 사용하게 되는 악순환이 시작된 거예요. 비료는 빗물에 녹아 강과 바다로 흘러 들어가겠지요. 결국 바닷물이 오염되고 영양 상태가 과도해져 적조 현상이 일어나 물고기가 떼죽음을 당하게 되지요. 그래서 요즘은 다시 옛날의 농법으로 돌아가야 한다는 목소리가 커지고 있어요.

DDT라는 살충제 이야기도 빼놓을 수 없지요. DDT는 농작물이 병충해를 입지 않게 해주었어요. 하지만 DDT는 생태계의 먹이사슬 안에서 없어지지 않고 그대로 남아 결국 먹이사슬의 높은 곳에 있는 종달새를 죽게 했어요. 농약의 남용으로 봄은 침묵 속에 잠기게 된 거지요.

과학기술을 사용하는 사회의 구조적 문제도 생각해야 해요. 과학기술의 개발이 모든 사람들을 행복하게 해주는 것은 아니에요. 1960년대에는 새로운 종자 개발이 적극적으로 이뤄졌어요. 인도에서도 식량 생산량이 크게 늘어나는 녹색혁명을 경험하게 되지요. 그래서 기아에 허덕이던 인도가 쌀 수출국이 되었을까요? 아니에요. 가난한 인도인의 식탁은 여전히 가난합니다. 왜냐하면 그 종자는 잡종으로 개량된 것이어서 싹을 틔우지 못하거든요. 그래서 해마다 새로운 종자를 구입해야 해요. 또 울며 겨자 먹기로 그 종자에 맞는 비료와 농약을 사용해야 해요. 결국 녹색혁명의 혜택은 돈을 가지고 농업을 유지할 수 있는 부농에게만 돌아갔습니다.

이렇게 과학기술은 기술만으로 설명하기 어려워요. 그것을 이용하는 사회 속에서 왜곡되기도 하고 엉뚱한 결과를 부르기도 하니까요. 또 어떤 기술은 너무 많은 위험성을 가지고 있고요. 그렇기 때문에 우리가 과학기술을 받아들이고 바라볼 때는 꼼꼼쟁이가 되어서 이것저것 따져보아야 해요.

세상을 다시 창조하는 마을, 가비오따쓰

이번에는 나엉뚱 박사님과 그의 동료들의 과학기술과는 좀 다른 사례를 살펴볼까요?

라틴아메리카의 콜롬비아 동부에는 아주 특별한 생태 공동체 마을이 있어요. 바로 가비오따쓰라는 마을이에요. 1971년, 파올로 루가리(Paolo Lugari) 씨와 몇 명의 사람들이 나무 하나 없는 열대 사바나 지역의 황무지에 건설한 마을이에요. 마을 사람들은 외부의 지원을 전혀 받지 않고 그 척박한 곳에 가장 알맞은 기술과 그곳에서 나는 자원만을 이용해 살아간답니다. 예를 들어 적도의 바람을 이용한 풍차, 태양열 주전자, 수경재배법을 이용한 먹을거리 생산 등등. 가비오따쓰 마을은 자연을 파괴하지 않고도 공동체가 생존할 수 있음을 증명하는 하나의 실험실이라고 할 수 있어요. 30년이 훨씬 지난 지금, 그 마을은 콜롬비아뿐만 아니라 전 세계에 하나의 대안이 되고 있어요. 처음에는 무모한 실험 같았지만 이제 세상의 주목을 받고 있지요.

이 실험을 시작한 것은 주로 과학기술자들이었어요. 그 후 공동체가 정착해가면서 교육자와 행정가 그리고 농부들이 모여들기 시작했어요. 음,

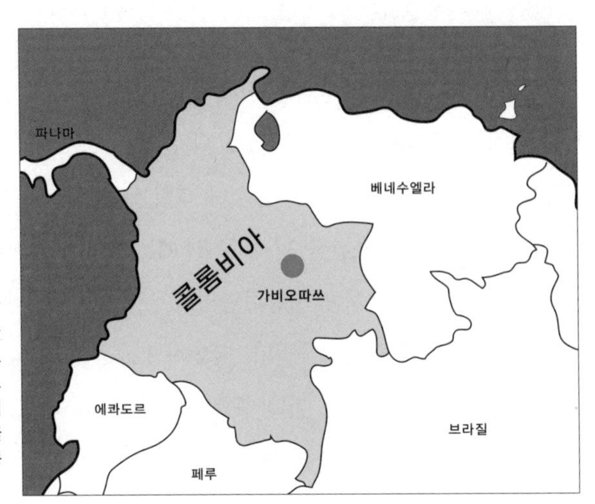

남아메리카에 위치한 콜롬비아에는 200명의 주민이 자연과 함께 살아가는 가비오따쓰라는 마을이 있다. 내전으로 얼룩지고 나무 한 그루 없는 사막, 불모의 땅에서 자연의 기적을 일으킨 작은 생태 공동체 마을이다.

이 마을을 잘 설명하려면 우선 마을 사람들이 냉장고를 만든 이야기부터 해야 할 것 같아요.

적도에 있는 나라에서 무더위를 식히려면 어떻게 해야 할까요? 손쉬운 해답은 태양광 전지로 전기를 만든 다음 일반 냉장고에 연결하는 것이겠지요. 하지만 가비오따쓰의 과학기술자들은 그 방법을 쓰지 않았어요. 태양광 전지가 너무 비싼 데다 그것을 만드는 데는 상당한 에너지가 들어가기 때문이에요. 가비오따쓰는 가난한 열대 마을이에요. 그러니 냉장고를 만들어도 비싸지 않은 에너지 기술을 이용해야 하겠지요. 그래야 돈 없는 주민들도 이용할 수 있을 테니까요. 가비오따쓰의 과학자들은 그 나라, 그 지역, 그 시대의 환경과 조건에 알맞게 기술을 개발해야 한다고 생각했어요. 그들은 2년 동안 일반 냉장고를 뜯었다 붙였다 반복하며 연구했어요. 그리고 마침내 가비오따쓰식 냉장고를 만드는 데 성공했지요.

태양열과 염화칼슘과 암모니아 냉매의 기화열로 주변을 냉각시키는 냉장고가 완성된 거예요. 사람들은 이제 전기 코드 없이 태양열만으로 열대의 음식물을 신선하게 보관할 수 있게 되었지요.

그렇다고 그들이 사용하는 도구나 과학기술이 뭐 특별난 것은 아니에요. 예를 들어 하수도관을 땅에 묻을 때는 우리가 김장할 때 사용하는 튜브 모양의 비닐봉지를 사용한답니다. 우선은 흙시멘트를 쏟아 부어 기반을 만든 도랑에 길이 6미터, 단면적 1제곱미터의 값싼 비닐 봉투를 놓고, 한쪽 끝을 묶은 뒤 비닐 봉투에 물을 가득 채워요. 그런 다음 나머지 한쪽을 묶으면 거대한 투명 소시지 같은 모양이 되겠지요. 그 위에 흙시멘트를 다시 덮고 밤새 시멘트가 굳도록 내버려둡니다. 다음 날 아침 튜브의 매듭을 풀고 물을 모두 흘려보내요. 그리고 다음에 다시 사용하기 위해 비닐 튜브를 잡아 뺍니다. 그렇게 굳고 나면 위로 탱크가 지나가도 끄떡없답니다. 이렇게 그들은 값싼 재활용품으로 만들어진 도구들을 이용해요. 가난하고 열악한 환경에서도 충분히 활용할 수 있는 기술이지요.

또 가비오따쓰에서 유명한 것 가운데 풍차가 있어요. 이 풍차는 작은 풍력 발전기예요. 하지만 선진국에서 보던 것과는 모양이 달라요. 가비오따쓰는 열대 지역에 있어 바람이 잘 불지 않아요. 기존의 풍력 발전기를 설치해 봐야 바람이 너무 약해서 날개가 돌아가지 않지요. 하지만 가비오따쓰 주민들은 아주 작은 바람에도 잘 돌아가는 풍차식 풍력 발전기를 만들었어요. 네덜란드 식 풍차에서 아이디어를 얻어 다섯 개의 풍차 날개를 달았지요. 화재에 대비해 날개 재질도 얇은 알루미늄으로 만들었어요. 이것이 바로 가비오따쓰식 소형 풍력 발전기랍니다.

태양열을 이용한 조리기구(왼쪽). 시소를 이용해 물을 길어 올리는 펌프(가운데). 열대 지방의 약한 바람에도 돌아가게 만든 가비오따쓰식 소형 풍력 발전기(오른쪽).

아참, 지하수를 끌어 올리는 펌프도 있어요. 이 펌프는 마치 시소처럼 생겼어요. 작은 꼬마들이 시소형 펌프에서 시소를 타면 사바나 지역의 깊은 지하수도 쉽게 퍼 올릴 수 있게 됩니다. 이 시소형 펌프는 주변 사바나 지역의 원주민 마을에도 보급되었어요. 그 덕분에 깨끗한 식수를 먹을 수 있게 되면서 질병 발생도 크게 줄었다고 해요.

이렇게 환경친화적이고 창조적인 생활용품을 만들어 쓰는 가비오따쓰의 주민들이야말로 가장 훌륭한 과학자들이라고 할 수 있지 않을까요? 게다가 마을의 발명품들은 특허를 내지 않아 누구나 무료로 쓸 수 있답니다. 가비오따쓰 마을에서는 누구나 평등하게 기술의 혜택을 누릴 수 있는 것이지요. 또한 자연에 기반을 둔 문명 위에서 품위 있는 삶이 가능한 곳이지요. 돈과 많은 자원, 거대한 공장 설비가 필요한 기술이 아니라 누구나 사용하고 혜택을 받을 수 있는 과학기술을 만들어가는 곳, 그곳이 바로 가비오따쓰 마을이에요. 그곳 사람들은 자신의 마을을 이렇게 이야기해요.

"사막 한가운데 비어 있거나 비참하게 병들어 있는 대지 가운데서도, 지구상에 남은 마지막 석유 한 방울이 태워 없어진 후에도 오랫동안 살아갈 수 있는 방법과 평화를 만들어낼 수 있는 곳."

그리고 그것을 가능하게 한 과학기술도 이 마을과 닮은꼴이겠지요.

과학기술을 선택할 때 던져야 하는 질문

자, 이제 이야기를 정리할 차례인 것 같네요. 펭귄과 바다표범의 논쟁에서 해답은 무엇일까요? 환경만을 생각할 수도 없고, 인간만을 생각할 수도 없는 노릇입니다. 인간과 환경의 생존은 깊이 연관되어 있으니까요. 그렇다면 과학기술을 앞에 두고 최소한 이런 질문들*을 던져보는 건 어떨까요?

- 그 기술의 혜택을 누가 받는가?
- 고장 나거나 낡으면 어떻게 처리해야 하는가?
- 만드는 데 얼마나 비용이 드는가?
- 지구를 비롯한 모든 생물과 사람들의 건강에 어떤 영향을 미치는가?

---

* 이 글은 Stephanie Mills(1997)가 편집한 《*Turning Away From Technology*》라는 책의 부록을 번역한 것임. 1993년과 1994년 거대과학기술 회의의 참석자들이 유기적 세계를 다시 되돌리고 거대 기술을 해체하기 위해 기술에 관한 78가지 질문을 정리한 것 중 일부를 발췌한 것이다(번역 : 이재영). keed.net에 수록.

- 어떤 종류의 폐기물이 생기며 얼마나 많이 나오는가?
- 인간과 자연이 함께 공존할 수 있는 기술인가?
- 사람들 사이의 관계에 어떤 영향을 미치는가?
- 그 기술을 사용하면 무엇을 잃게 되는가?
- 그 기술이 가난한 사람들에게 어떤 영향을 미치는가?
- 같은 일을 할 수 있는, 가장 부담이 적은 기술인가?
- 전쟁에 어떤 영향을 미치는가?

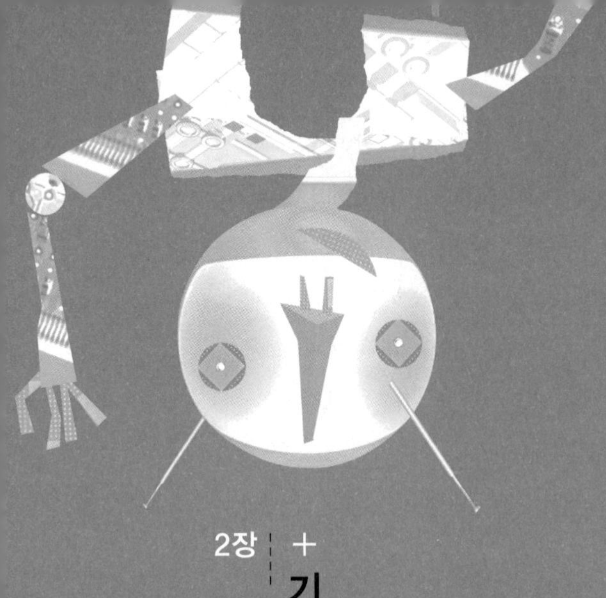

2장 + 기후를 팝니다 +

:: 기후회의

금수회의록

유가는 배럴당 100달러를 들락날락. 지구는 기온이 높아져 북극의 빙하가 다 사라진다고 설왕설래. 우리나라도 이제 아열대 기후로 바뀌었다고 옥신각신. 세상이 온통 지구 온난화 때문에 들썩들썩.

대기 중 이산화탄소를 어떻게 줄여야 하나 고민 고민하다 깜빡 잠이 들었는데, 어느 틈엔가 사방이 깊은 숲 속이라 지독한 똥 냄새가 나는데, 인간이란 종족이 원래 구린 구석이 많은지라, 저 똥 냄새가 나는 곳을 따라가다 보면 마을을 찾을 수 있겠다 싶어 걸음을 옮겼겠다. 가다 보니 흰 구름 푸른 수풀 사이에 간판 하나가 달렸거늘, 자세히 보니 다섯 글자를 크게 썼으되 '금수회의소'라 하고 그 옆에 주제를 걸었는데, '똥 더미를 어찌할꼬!' 또 광고를 붙였는데, '하늘과 땅 사이에 무슨 동물이든지 의견이 있거든 의견을 말하고 방청을 하려거든 방청하되 각기 자유로 하라' 했는데, 그곳에 모인 동물은 길짐승, 날짐승, 버러지, 물고기 등 온갖 것들이 다 모였더라.

"어서 들어갑시다. 시작할 시간이 다 되었소."

갑자기 떠밀려 들어가 보니 온갖 동물들이 다 모여 방청석을 꽉 채우고 있고, 가운데 마당에 키는 하늘을 뚫고 둥치는 장정 다섯이 팔을 맞잡아야 할 만큼 굵은 나무가 한 그루 서 있다. 늘어진 가지와 잎사귀는 긴 수염을 휘날리는 모양새와 같아서 마치 이 산의 터줏대감인 산신령이 환생한 듯하다. 그 앞에 아마도 이 회의의 의장인 듯한 것이 서 있는데, 가만히 보니 쭉 찢어진 입술, 벌러덩 뒤집어져 하늘을 쳐다보고 있는 코, 그리고 그 코 주변의 강력한 근육들, 길게 뻗어 나온 누런 금빛 어금니를 가지고 있는데, 맞다 저것은 멧돼지인가 보네.

"우리가 오늘 여기 모인 것은 여러분도 다 아시다시피 요새 가장 큰 골칫거리인 똥, 똥 문제 때문입니다. 우리는 여태까지 부족함 없이 잘 먹고 잘 싸고 살아왔소. 그런데 우리들이 싼 똥이 점점 늘어나다 보니 이제는 발 디딜 틈조차 없는 똥 천지가 되고 말았소. 게다가 인간들이 여기저기서 산을 파내 도로를 내고 터널을 뚫고 아파트를 세우는 통에 우리가 살던 숲은 점점 사라져 이제는 간신히 숲이라는 이름만 유지하고 있는 정도요. 그런데다 최근 우리는 먹을거리가 너무 풍족해졌소. 넘쳐나는 인간들의 음식물 쓰레기 덕에 마을 근처에만 가도 훌륭한 밥상을 차릴 수 있소. 먹은 게 늘어나니 싸대는 것도 늘어나는 것은 자고로 우주의 법칙이오. 또 시간이 지나면서 이전보다 종족의 수가 늘어나고 있소. 살 수 있는 땅은 줄어드는데, 똥 싸는 구멍은 늘어나고, 싸는 똥도 많아졌소. 이제는 어디를 가도 똥이 밟히지 않는 곳이 없소. 비만 오면 똥 덩어리들이 씻겨 계곡물로 흘러 들어가 마실 물을 오염시키고 있소. 옛날에는 물이 많아 그럭저럭 시간이 지나면 다시 물이 깨끗해져 문제가 없었는데, 인간들이 터널을 여기저기 뚫고 난 뒤로는 어찌 된 노릇인지 물이 말라 계곡 바닥이 다 드러나니, 그 똥 덩어리들이 그냥 고여 썩어가고 있어 먹을 물이 남아나질 않는 형국이 되었소. 더 이상 똥 문제를 방치할 수 없는 상황에 이르렀소. 하여 똥으로 인한 문제를 어떻게든 해결하려고 하오. 좋은 의견을 모아서 이 문제를 해결하기 위한 법을 만들려고 하니 자유롭게 이야기해주시오."

의장의 말이 끝나기가 무섭게 여우 한 마리가 요상한 몸짓을 하며 꼬리를 흔들고 연단 위에 올라간다.

"나는 여우올시다. 여기 점잖은 분들한테 감히 한마디 하겠소. 문제는 의외로 간단하오. 똥을 많이 누게 돼서 문제가 되었소. 그러니 똥을 안 누면 되지 않소."

"뭐야? 똥을 누지 말라니 뭔 소리야!"

"여우는 똥 안 누고 사는 재주라도 있냐!"

"아이고, 나도 똥 안 누고 사는 재주는 없소. 내 말인즉슨 똥 누는 양을 줄이라는 것이오. 한 종족당 누는 똥의 양을 줄이되, 갑자기 줄일 수는 없으니, 1990년대 수준에서 10~20퍼센트씩 줄이면 어떻겠소."

여우의 제안에 방청석이 들썩이며 웅성거리는 소리가 들린다.

"뭐야, 똥을 어떻게 줄여?"

"자자, 진정들 하시고, 내 얘기를 끝까지 들어보시오. 누고 싶은 것을 억지로 참자는 이야기가 아니오. 똥을 줄이자면 일단 식생활을 개선해야 하오. 우리는 지금 양껏 세 끼 식사를 하고 있소. 그렇지만 우리가 세 끼 식사를 꼭 해야 하는 것은 아니오. 지금은 개명 세상, 모든 것이 옛날 호랑이님 금연하기 전의 시절과는 달라졌소. 먹이를 찾기 위해 힘든 노동을 해야 하는 것도 아니고, 어차피 숲이 줄어들어 다리 근육을 자랑하며 뛰어다닐 곳도 없소. 세 끼 식사를 다 챙겨야 할 만큼 우리가 활동을 많이 하는 것이 아니란 말이오. 근자에 와서는 체질 개선을 한다고 단식을 밥 먹듯이 하는 동물도 있고, 젊은이들 사이에서는 다이어트를 한다고 구하기 힘든 약초까지 구해서 먹는 일도 있소. 그러니 일단 처음에는 식사량을 줄이다 점점 하루 세 끼에서 두 끼로 횟수를 줄인다면 그리 어려운 일도 아닐 것이오. 어쩌면 하루 한 끼 먹고도 잘 살 수 있을 것이오. 이상이 나의 의견이오."

꼬리를 흔들며 잘록한 허리를 자랑하던 여우가 내려가자, 어디선가 고양이가 휙 날아와 연단으로 올라왔다.

"야아옹. 킁킁. 아까부터 저희를 쳐다보는 눈길이 많아져서, 오해를 풀어야겠써용. 최근 우리 식구들이 부쩍 늘었써옹. 그건 사실이야옹. 애완고양이로 인간들의 집에서 살다가 버려져 이곳 숲 속으로 이주를 해온 지 얼마 되지 않았써옹. 처음엔 어떻게 사나 걱정이 태산이었는데, 그래도 죽으라는 법은 없었는지, 이렇게 숲 속에서 자리를 잡고 살게 되었소옹. 반겨주는 이는 없었지만 그래도 쫓아내지 않은 것, 이 자리를 빌려 고맙다는 인사를 드려용. 하지만 고양이 몇 마리가 새로 숲 속에 들어온 후 똥 문제가 생겨난 것처럼 우리를 곱지 않은 눈길로 쳐다보는 건 억울하옹."

"하지만 당신들 식구가 너무 많이 불어나잖아. 어떻게 산아 제한 좀 해야 되는 거 아니야?"

방청석에서 누군가 볼멘소리를 했다.

"식구가 는 것도 최근의 일일 뿐이옹. 인간의 집과는 달리 숲 속이라는 게 밤이 길지 않소옹. 밤이 길다 보니 어찌할 수 없이……. 하지만 똥을 줄여야 한다면 우리도 줄이겠소옹. 그러나 똥을 줄이더라도 옛날부터 이 숲 속에서 살던 터줏대감과 똑같이 줄일 수는 없다고 생각하옹. 숲이 똥천지가 되고 물이 이렇게 더러워진 것은 오랫동안 숲 속에서 똥을 눠왔던 터줏대감들의 잘못이 더 큰 것 아니오옹. 그러니 줄인다면 터줏대감들부터 줄이는 게 지당한 일이라고 생각하옹. 우리는 집에서 먹여주는 밥을 먹다가 아무도 돌봐주는 이 없는 험한 숲 속에서 먹잇감도 구해야 하고, 늘어난 식구들 먹여 살리는 데도 아등바등 힘겨운 판에 똥을 줄이는 일까지 한다면 더 이상 숲 속에서 살아남을 수 없을 것 같소옹. 그러니 우리는 터줏대감님들부터 먼저 줄이면 순차적으로 나중에 줄이겠소옹. 야아옹."

"나도 할 말 있다."

덩치가 산만 한 호랑이가 요즘 유행하는 얼룩무늬 호피 옷을 입고 방청석에서 훌쩍 날아 연단으로 쿵 착지를 한다.

"어흥, 자고로 여우는 요망한 동물이다. 요물의 말에 넘어가면 안 된다."

호랑이는 말꼬리를 뚝 분질러 반말을 뱉어낸다.

"지금이 어느 세상이냐. 바로 문명 세상이다. 로켓을 타고 달나라에 간 것은 이미 우리 할아버지 조상 때의 일이고 지금은 앉은자리에서 태평양 건너편의 나라를 박살낼 수 있는 장거리 핵무기까지 개발한 세상이다. 이런 뛰어난 기술력이 있는 세상에서 왜 우리가 무식한 방법으로 똥 누는 것을 참아야 하느냐. 이 문명화된 세상의 수준에 맞게 숲 속 똥 오염 사건은 뛰어난 기술력으로 해결해야 할 것이다. 누구나 먹고 싶은 만큼 먹고 싸고 싶은 만큼 쌀 수 있게 말이다."

호랑이는 자신의 말이 얼마나 설득력이 있는지 좌중을 한번 쑥 훑어보았다. 여우는 그 눈길을 피하느라 주둥이로 꼬리만 연신 쓰다듬고 있다.

"우선 화장실을 만들라. 이왕이면 수세식으로 만들어 똥 누는 것도 품위를 지키자고. 각자 종족들마다 수세식 화장실을 만들어 정해진 곳에서 똥을 싸는 것이다. 그러면 길 가다 남의 똥을 밟을 일은 없어질 것 아닌

온실가스
늘어나는 ~~똥더미~~를 어찌할꼬……

가. 물론 수세식 화장실에서도 똥은 모이겠지. 그 똥도 처리해야지. 각 종족에서 똑똑한 놈들을 모아놓고 연구를 시키는 거야. 모아진 똥을 분해하는 기술 정도야 쉽게 되겠지. 태안 해안에 기름이 퍼졌을 때 유화제를 뿌려 기름을 싹 없앤 것처럼 똥도 그렇게 흔적 없이 분해시켜 버릴 수 있는 화학약품을 개발할 수 있을 것 아닌가. 바로 이런 해결 방법이 21세기형 기술력이지. 어흥."

호랑이가 수염을 발발거리며 날카로운 어금니를 번쩍이고는 출렁이는 뱃살을 가슴께로 쓸어 올리더니 있는 모양 없는 모양 다 내가며 위풍당당하게 퇴장한다.

촬 좌르르 촬촬 좌르르윽. 물소리도 아닌데 경쾌한 리듬 소리가 들린다. 연단 위에는 아무것도 보이지 않는데, 어디서 나는 소리인가? 연단의 흙이 불쑥불쑥거리더니 뭔가 휙 튀어나온다. 쭈뼛쭈뼛 더듬더듬 두꺼운 안경을 끼고도 연신 더듬거리는 모습이 아, 땅속에서만 사는 두더지렷다. 두더지가 뒤춤에서 주섬주섬 뭔가를 꺼내는데 손때 묻어 반짝이는 알맹이들이 옥수수 알처럼 반짝반짝, 이리저리 움직이는 게 주판이다. 커다란 발톱 다섯 개로 주판알을 익숙하게 튕기며 두더지가 다시 입을 여는데.

"우리 숲 속이 이렇게 똥통이 되어버린 것은, 이 숲 속 땅에 주인이 없기 때문이오. 임자가 없으니 아무 데나 똥을 싸고 누고 별짓을 다 해도 뭐라 하는 동물이 있소? 그러다 보니 이 지경까지 온 것이오. 하지만 여태까지 이렇게 생활해온 것을 잘해 보자고 다짐만 한다고 해서 우리 모두가 갑자기 근본부터 바뀌는 건 아니오. 문제 해결은 오히려 간단하오. 똥을 눌 수 있는 권리를 파는 것이오. 호랑이 말대로 누고 싶은데 누지 말라고 하는 것은 말이 안 되오. 또 많이 누는 종족, 조금 누지만 식구가 급작스럽게 불어서 전체 눈 똥의 양이 많아진 종족 등 각자 처한 상황도 다르오. 이런 것을 모두 법으로 세세히 규정할 수도 없소. 대신 돈으로 규제한다면 쉽게 해결될 것이오. 처음에는 다들 똥 누는 권리를 일정하게 나누어 갖소. 하지만 똥을 많이 누고 싶은 종족이 있을 것이오. 그렇다면 그 종족은 똥을 적게 누어도 되는 종족의 권리를 돈을 주고 사서 똥을 누는 것이오. 권리를 판 종족은 돈을 벌게 되니 좋고, 권리를 산 종족은 마음껏 똥을 눌 수 있어 좋소. 시간이 지나면 돈을 절약하기 위해서도 똥을 적게 누는 방법을 연구하게 될 것이오. 아무짝에도 쓸모없는 법보다는 돈의 힘이 자연스럽게 숲 속의 질서를 잡아줄 것이오."

두더지는 햇살에 눈을 찌푸리며 연신 주판알을 튕기며 말했다. 이때 갑자기 하늘을 펄럭펄럭 휘 가르며 하얀 것이 날아오는데, 마치 하얀 연 같기도 하고 작은 비행기 같기도 하다. 자세히 보니 빨간 머리와 날개 끝부분에 까만 털이 있는 것이 학이렷다. 학이 사뿐히 내려앉자, 좌중은 일시에 침묵한다. 학은 부리로 흐트러진 깃털을 다듬더니, 우아한 자태로 입을 연다.

"똥을 눌 권리를 돈으로 산다. 그 말은 돈으로 숲을 오염시킬 권리를 산다는 말과 다를 바가 없소. 또 돈이 없는 종족은 똥을 많이 눌 수가 없으니 아예 종족 수를 불리지도 못할 것이오. 돈의 힘이 강력한 것은 인정하지만 돈으로 모든 것을 해결하려는 것은 호랑이가 말한, 기술로 모든 것을 해결하려는 것과 조금도 다를 바 없는 어리석은 생각이오. 또 몰래 똥을 누는 종족이 생길 수도 있소. 이런 일이 만연하게 되면 돈도 아무 소용없게 될 것이오. 먼저 우리가 숲 속의 주인이라는 의식을 갖지 않으면 근본적인 해결은 어렵소."

학이 두더지의 주장에 반박하고 있을 때, 개구리 한 마리가 폴짝폴짝 연단으로 뛰어오른다.

"나는 개구리요. 어이 학 선생님, 나 잡아먹지 마씨요. 우리는 잘 알다시피 물속에서 살고 있소. 그렇기 때문에 똥 덩어리가 떠다니는 물속에서 가장 피해를 많이 보는 것이 우리 개구리요. 정말 억울한 일이오. 우리는 똥도 거의 누지 않소. 파리 한두 마리 먹고 똥을 눠봤자 얼마나 되겠소. 그런데도 우리 개구리가 가장 많은 피해를 보고 있소. 우리 막내 왕눈이는 떠다니는 똥 덩이에 맞아 눈탱이가 밤탱이가 되어 시력을 잃었고, 우리 남편은 똥독이 올라 간이 부어 있소. 또 우리는 똥 덩어리 때문에 먼 조상 때부터 살아온 이 마을을 포기하고 이웃 마을로 이사 가야 하는 형편이오. 우리가 이 동네를 떠나면 이제 무엇을 해서 올챙이들을 먹이고 병든 남편을 수발할 수 있겠소. 아니, 당장 이사할 돈도 없소. 정말 여러분들이 원망스럽소. 회의를 쭉 지켜보면서 이제나저제나 누군가는 우리네의 억울함을 해결할 수 있는 방법을 말하겠지 하고 기다렸는데, 지금 당장 죽어나가는 우리 생각은 조금도 않고, 탁상공론들만 하고 있으니, 정말 너무하는구려. 먼저 우리에게 보상을 해줄 것을 요구하오. 우리를 이 지경이 되도록 만든 데 가장 많은 영향을 준 종족에서 보상해줘야 할 것이오. 평소 똥을 많이 누는 소, 주로 강가에서 똥을 싸는 사슴, 육식을 많이 해서 냄새도 지독하고 양도 엄청난 호랑이, 최근 자식들이 눈덩이처럼 불어난 유기 애완 토끼 등이 우리 이사 비용을 대야 한다고 생각하오."

이때 갑자기 올챙이와 꼬리를 채 떼지 못한 개구리들이 개굴개굴 울어대며 연단을 점거하더니, "보상하라, 보상하라!"를 외친다. 갑자기 회의장은 개구리들의 시위 현장이 된다. 멧돼지 의장이 마이크를 빼앗아 뭐라고 하는데, 올챙이들의 소리에 묻혀 하나도 들리지 않는다. 방청석에서는 온갖 동물들이 이런 궁리 저런 의논들을 하느라 웅성웅성 시끌시끌 정신을 차릴 수가 없다.

"의장, 결정하시오. 표결합시다."

"줄입시다."

"무식한 소리, 수세식 화장실을 써야 해."

"너희 책임이 제일 커. 어떻게 할 거야."

"그러면 난 여기 회의에서 탈퇴할래. 난 안 해."

금수회의소는 난리가 났다. 회의고 뭐고, 갑자기 심한 똥 냄새가 진동을 하더니 천둥이 꽝, 번개가 번쩍, 아이고 그만 화들짝 놀라 눈을 뜨니 책상 앞에 침은 하나 가득, 졸다 책상 귀퉁이에 머리를 쥐어박아 머리통이 욱신욱신. 아, 꿈이었구나.

금수회의 발리판

숲 속 동물들의 금수회의가 난장판이 됐네요. 그런데 가만히 보니 2007년 12월에 발리에서 열린 기후 변화 회의장 분위기와 아주 비슷하군요. 발리 회의는 2012년에 만료되는 교토의정서의 후속 조치라 할 수 있는 새로운 기후변화협약을 논의하기 위해 열렸어요.

교토의정서가 뭐냐고요? 지구 온난화 문제가 심각해지자 1997년 일본 교토에서 회의를 열어 이산화탄소를 중심으로 한 6개의 온실가스를 감축하기 위한 '교토의정서'를 채택했어요. 거기에는 각 국가의 온실가스 의무 감축량을 정해놓고 있는데, 38개 선진국의 경우 2012년까지 온실가스 총 배출량을 1990년대 수준보다 5.2퍼센트 감축할 것을 요구하고 있어요. 아무래도 선진국이 산업화를 이루는 과정에서 환경을 오염시켰으니, 마땅히 솔선수범해야 한다는 거지요. 반면 개발도상국의 경우 2012년까지는 감축량을 의무적으로 정하지 않았어요. 한국도 여기에 해당해요.

2012년 이후, 즉 포스트2012년을 준비하기 위해 모인 회의가 바로 2007년 발리 기후회의이지요. 교토 회의와는 달리 발리 회의에서는 선진국들의 입장이 서로 크게 달랐어요. 의무적으로 이산화탄소 감축량을 정하자는 측과 자율적으로 정하자는 측으로 입장이 갈렸어요. 회의는 결렬될 위기를 아슬아슬하게 넘겼지만, 결국 별 성과는 없었답니다. '2009년까지 구체적인 방법을 협의한다'는 정도였고, 구체적인 실천 방법은 전혀 합의하지 못한 거지요. 그러니까 이제 공은 2009년 12월에 열리는 덴마크의 코펜하겐 회의로 넘어가게 됐어요. 그럼 발리 회의에서 보여주었던 각국의 입장을 살펴볼까요?

2007년 인도네시아 발리에서 열린 기후 회의 모습. 세계 각국에서 모여든 1만 명이 교토의정서 이후 2013년부터 시작되는 새로운 기후 변화 대응 체제를 놓고 열띤 토론을 벌이고 있다.

먼저 유럽연합의 말을 들어보지요. "우리의 재생 가능 에너지 기술과 에너지 절약 효율 기술은 이미 세계에서 뒤지지 않는 수준입니다. 우리 유럽연합은 각 나라의 정부들이 모여서 권고한 것처럼 선진국이 2020년까지 온실가스를 25~40퍼센트까지 줄여야 한다고 생각합니다."

한편 미국은 이렇게 주장했어요. "무조건 이산화탄소 배출을 줄이자고 할 것이 아니라 먼저 기술을 개발하고 그것을 통해 자발적으로 국가별 감축을 해야 한다고 생각합니다. 일방적으로 감축량을 정하는 것은 경제를 망치는 길입니다. 자발성에 기초해 줄입시다. 또한 선진국만 일방적으로 감축하거나, 구체적인 감축량을 의무적으로 제시하는 것은 문제가 있습니다."

캐나다와 일본은 미국의 입장에 한 표를 던졌어요. 교토에서와는 달리 미국을 지지하는 쪽으로 입장을 바꾸었네요. 뒷이야기를 들어보니 이유가 있군요. 최근 캐나다에서는 석유 값이 상승하면서 대안으로 타르샌드가 뜨고 있다네요. 그동안 판매 가격에 비해 생산 원가가 너무 많이 들어 개발을 하지 않았던 타르샌드가 피크 오일과 유가 상승 때문에 관심을 받게 된 것이지요. 그런데 문제는 타르샌드에서 원유만을 추출해내려면 전통적인 석유 추출 방식보다 3~5배 더 많은 양의 이산화탄소가 배출된다고 해요. 그래서 이산화탄소 배출량을 규제하자는 데 손을 들지 못하고 미국 편으로 돌아섰다고 해요. 일본은 기업의 로비가 강하게 작용했다고 하고요.

인도네시아와 같은 열대우림의 저개발 국가들은 뭐라고 주장했는지 들어볼까요? "인도네시아, 브라질과 같은 국가가 기존의 삼림을 벌목하지 않고 보전하면 이를 선진국이 보상해줄 것을 강력히 요구합니다."

우리나라는 명확한 입장을 밝히지 않고 슬쩍 발을 뺐다는군요. 그래서 우리나라 NGO(국제 비정부기구)들이 무척 창피해했다는 후문이 들립니다. 뒤통수가 따끔거리네요.

먼저 갖는 사람이 임자

자, 자, 자. 우선 문제가 뭔지 정리해봅시다. 어쨌든 지구 온난화 현상에 대해서는 모두 인정을 한 것 같습니다. 온난화의 주범인 이산화탄소를 어떻게든 줄여야 한다는 데도 이견이 없고요. 그런데 각국의 경제적 이익이 걸린 문제다 보니 누가, 언제까지, 얼마나, 어떤 방식으로 줄이는지 합의하는 것은 쉽지 않군요.

왜 이런 문제가 발생한 것일까요? 비슷한 예를 들어볼게요.

주인이 없는 들판이 있었어요. 목동들이 소 20마리를 데리고 와서 풀을 먹였어요. 들판은 그럭저럭 버틸 만했지요. 그런데 어느 날 다른 목동이 소 한 마리를 더 데리고 와서 방목하기 시작했어요. 그 목동은 한 마리 분만큼 우유를 더 생산할 수 있으니 이익이었지요. 그러자 너도나도 소들을 데리고 왔고 곧 소는 40마리가 되었어요. 어느새 들판은 풀 한 포기 없는 황무지가 되고 말았어요.

생물학자 가렛 하딘(Garrett Hardin)이 발표한 '공유지의 비극'이라는 이론이랍니다. 일반적으로 환경 문제는 대부분 이 공유지의 비극과 같은 최후를 맞게 됩니다.

비단 환경 문제만은 아니에요. 학교 화장실에서도 종종 이런 현상을 볼 수 있어요. 학교 화장실 휴지는 걸리기가 무섭게 사라집니다. 집에서는 한번 또르르 풀어서 닦는 것을 학교에서는 좌르르좌르르 두꺼운 솜방망이를 만들어 사용하지요. 내 것이 아니니까요.

또 이런 일도 있어요. 서울시는 청계천을 복원할 때 충주시로부터 사과나무 116그루를 기증받았어요. 사과나무는 청계천변에 심어졌고, 2,500여 개의 열매를 맺었답니다. 하지만 매년 수확한 사과는 30개도 채 안 됐어요. 시민들이 익기도 전에 몰래 따 갔던 거예요. 먼저 갖는 사람이 임자이기 때문이지요. 청계천 사과가 남아나지 않았듯이, 도시 인근 산의 도토리도 사람들이 싹쓸이해 가는 바람에 다람쥐들이 굶주린다고 해요.

공기는 누구의 소유도 아닙니다. 내가 숨을 많이 쉰다고 해서 옆의 친구가 부족해서 숨을 못 쉬지 않아요. 그러니 아무 문제가 없어야 합니다. 하지만 최근 공기 오염이 심각해지고 지구 온난화 같은 전 지구적인 환경 문제가 발생하면서 이런 공기의 사용 방식에도 변화가 생겼어요. 공기 중에 이산화탄소 양이 많아지면 지구의 기온이 올라가서 사는 데 어려움을 겪게 됩니다. 그러니 이제는 공기의 주인이 없다고 마음대로 할 수 있는 때는 지나간 것이지요. 어떤 방법으로든 이산화탄소 양을 줄여서 지구 기온을 정상으로 돌려놓지 않으면 안 됩니다.

이산화탄소를 줄이는 방법은 여러 가지가 있어요. 하지만 다들 자기네 국가가 손해 보지 않고 경제적 불이익을 받지 않는 방식을 채택하려 할 거예요. 서로의 합의를 이끌어내기가 쉽지 않아요.

알쏭달쏭 퀴즈, 단 정답은 없어요

그럼 이 대목에서 기후 변화 해결을 위한 알쏭달쏭 퀴즈를 풀어볼까요? 하지만 정답은 없습니다. 우리 모두 합의할 수 있으면 그것이 정답이겠지요.

자, 첫 번째 문제입니다. 잘 들어보세요.

"라코바 씨, 주민 3,000명이 보겐빌로 이사하는데, 비용이 얼마나 들까요?"

"땅값이 제일 비싸요. 호주 돈 700만 달러가 들어요."

발리 기후 변화 회의장에서 발표를 마치고 나온 카트레츠 섬의 라코바 씨와의 인터뷰 내용입니다. 라코바 씨가 사는 카트레츠 섬 주민들은 모두 이사를 가야 해요. 그들이 살고 있는 섬이 곧 잠긴다고 해요. 그게 다 지구 온난화로 인해 해수면이 상승했기 때문이에요. 원래는 6개로 이루어진 섬이었는데, 몇 해 전부터 섬이 하나 더 생겨서 7개가 되었다고 하네요. 2개의 봉우리로 연결돼 있던 섬 중간에 바닷물이 차올라 하나였던 섬이 2개로 나뉜 거예요. 카트레츠 섬은 모두 600가구, 주민 3,000명이 살고 있는 평화로운 곳이었어요. 그런데 20년 전부터 섬에 물이 차오르기 시작해 농사를 전혀 지을 수 없게 되었어요. 주민들은 짜서 마실 수 없는 물 대신 코코넛을 마신다고 해요.

지난 43년 동안 섬을 떠난 적이 없는 라코바 씨는 아침마다 코코넛 나무가 해안에 쓰러져 있는 것을 볼 때마다 이제 정말 시간이 얼마 남지 않았음을 실감한다고 해요. 지난 20년간 제방도 쌓아봤지만 파도가 덮쳐 아무런 소용이 없었어요.

"카트레츠에는 차가 몇 대나 있어요?"

"차, 없어요. 우리 섬에서 차를 몰면 쭉 가다가 바다에서 산호초를 들이받을걸요."

"그럼 전기는요?"

"전기, 없어요."

"그럼 텔레비전도 컴퓨터도 없겠네요."

"없어요."

"다른 섬이랑 어떻게 연락해요?"

"카누 타고 가지요."

"이렇게 회의에 참가하려면 라코바 씨한테 연락을 해야 하잖아요?"

"아, 우리 섬 옆에 카트레츠보다 좀 더 큰 섬이 있어요. 그 섬이랑 태양광 무전기로 교신을 해요."

"저는 카트레츠에서 온 우르술라 라코바입니다. 여러분들은 카트레츠라는 섬에 대해 처음 들어봤을 텐데요. 원래 카트레츠가 어디쯤에 있는 섬인지 지도로 보여주려고 했지만, 그러지 않기로 했습니다. 어차피 10~15년 후면 물속에 가라앉아 사라질 섬이니까요."

카트레츠 주민들은 지구 온난화의 원인을 제공한 사람들이 아닙니다. 섬 주민들은 전기도 없고 차도 없고 텔레비전이나 컴퓨터도 없이 살아왔으니까요. 이들이 이산화탄소를 배출하는 것은 연료로 사용하는 장작밖에 없어요. 그런데도 이들은 지구 온난화의 피해자가 되어 섬을 떠나야 할 처지가 되었어요. 섬 주민들의 희망은 보트로 3시간쯤 떨어진 곳에 있는 보겐빌에 땅을 사서 이사하는 거예요. 3,000명의 주민이 땅을 사서 이사하는 데는 우리 돈으로 55억 원이 든다고 해요. 이들의 이사 비용과 앞으로 새로운 땅에 정착하는 데, 들어가는 비용은 누가 보상해야 할까요?

두 번째 문제입니다. 이번에는 더욱 귀 기울여 들어야 해요.

따르릉 따르릉. "네, 기후 거래소입니다. 아, 네, 마침 좋은 물건이 나와 있습니다."

따르릉 따르릉. "기후 거래소입니다. 이산화탄소 배출권을 파시겠다고요? 그럼요. 요즘 찾는 사람들이 많아서 좋은 가격에 거래될 것 같습니다. 네, 알겠습니다. 필요한 서류를 홈페이지에 올려주세요. 네, 그럼."

따르릉. "최근에는 유가와 전력 가격이 올라 이산화탄소 배출권이 톤당 31.50유로로 거래되고 있습니다. 지금 파시는 게 좋아요. 또 요즘 겨울이 따뜻해 에너지 소비가 줄어들면 탄소 배출권 구매도 감소할 거예요. 그러니까 지금이 적기예요."

따르릉. "이산화탄소 배출량을 초과하게 되면 톤당 40유로의 벌금을 물어야 하지 않습니까? 그러니까 배출권을 구입하는 것이 훨씬 이익이지요. 지금은 가격이 올라 있지만 조금 지나면 안정될 겁니다. 그러니까 자금을 준비하셨다가 배출권 가격이 떨어질 때 구입하세요. 자금 여유가 있으면 가격이 하락했을 때 많이 구입해놓는 것도 좋은 전략이지요."

전 세계 배출권 거래소

배출권 거래제는 '탄소에 가격을 매겨' 온실가스를 상품으로 거래할 수 있도록 한 것이다. 탄소 배출권은 예치 가능하고 거래도 가능한 일종의 금융상품이다. 현재 세계에서 운영되고 있는 탄소 거래소는 모두 11곳. 이 중 7곳이 유럽연합에 집중돼 있다.

꼭 부동산 회사나 증권사에서 이루어지는 대화처럼 들리지요? 하지만 이곳은 기후 거래소, 즉 이산화탄소 배출권을 사고파는 곳의 모습이에요. 유럽에서는 이미 7개의 탄소 배출권 거래소가 운영되고 있어요. 후발주자로 미국의 시카고 기후 거래소, 중국의 기후 거래소 등을 포함해 모두 11개의 기후 거래소가 있어요. 탄소 거래 시장의 주도권을 장악하기 위해 서로 경쟁이 치열하답니다. 탄소 거래 회사로는 유럽 에너지 거래소(영국), 유럽 기후 거래소(독일), 노르드 풀(노르웨이), 파워넥스트 카본(프랑스) 등이 있습니다. 어떻게 해서 이런 거래소가 생겨났을까요?

1997년 일본 교토에서 열린 기후변화협약회의에서는 유럽연합(EU)을 비롯해 미국, 일본, 호주, 캐나다 등 38개 선진국들이 1차 의무 감축 기간(2008~2012년)까지 1990년대 대비 평균 5.2퍼센트의 온실가스 배출량을 의무적으로 감축한다는 내용을 결정했어요. 또 적은 비용으로 효과적인 감축을 하기 위해 국제 배출권 거래 제도, 청정 개발 체제 및 공동 이행 제도라는 3대 정책을 결정했어요.

국제 배출권 거래 제도는 이산화탄소를 배출할 수 있는 권리에 재산권을 부여해 온실가스 감축 의무가 있는 국가 간에 배출량 거래를 허용하는 제도를 말해요. 즉 감축 분량을 초과한 국가에서 일정한 비용을 지불해 감축 분량이 남는 국가의 배출량을 살 수 있는 제도입니다. 온실가스 감축 실적을 하나의 자산으로 인정함으로써 자유롭게 거래되도록 한 거예요. 온실가스 배출 할당량을 정한 나라는 다시 자국 내의 기업에 배출량을 정해주게 돼요. 할당받은 탄소 배출권을 아껴서 쓴 기업은 그 권리를 팔 수 있고, 탄소를 많이 배출해서 할당량을 넘어선 기업은 남아도는 기업으로부터 그 권리를 살 수밖에 없게 되겠지요.

예를 들어 러시아는 현재 1990년대에 비해 오히려 국가 경제력이 후퇴해 온실가스 감축 분량이 남는다고 해요. 따라서 배출권이 모자라는 다른 국가에 배출량을 판매할 수 있어요. 온실가스를 줄일 능력이 있는 기업은 배출권을 판매해 돈을 벌 수 있고, 그러지 못하는 기업은 온실가스 감축 비용보다 낮은 수준에서 배출권을 사들여 비용을 절감하겠지요.

지금 유럽에서는 탄소 배출권 시장이 매우 활발하게 운영되고 있어요. 하지만 우리에게는 남의 일처럼 멀게만 느껴집니다. 교토의정서에 따르면 우리나라는 2012년까지 탄소 배출량에 대해 강제 의무를 지지 않아도 되기 때문이에요. 그러나 우리나라도 2012년 이후를 대비해야 해요. 머지않아 온실가스 배출량은 기업 경영에서 매우 중요한 요인으로 자리 잡을 테고요.

그런데 이산화탄소 배출권을 거래하는 제도로 이산화탄소 양을 줄일 수 있을까요? 다른 국가의 남는 배출 분량을 사서 배출하게 되면 결국 전체 배출량은 감소하지 않을 텐데 말예요. 이처럼 이산화탄소 배출권을 거래하는 제도로 이산화탄소 배출량을 줄일 수 있을까요?

세 번째 문제입니다. 이번에도 물론 잘 들어야지요.

먼저 원자력과 탄소를 모아둘 수 있는 기술을 이산화탄소를 줄이는 청정 개발 체제로 인정할 것인가 하는 문제입니다. 청정 개발 체제는 선진국이 개발도상국에 자본과 기술 등을 투자해서 온실가스 배출량을 줄임으로써 이산화탄소가 감축된 실적을 선진국의 감축량으로 인정해주는 제도예요. 선진국은 더 적은 비용으로 온실가스 의무 감축을 달성하고, 개발도상국은 선진국으로부터 기술과 재정을 지원받아 경제 발전을 이룰 것이라는 취지로 만들어졌어요. 이 청정 개발 체제와 관련해 발리 회의에서 설왕설래했다는군요. 어떤 논의가 오갔는지 한번 들어볼까요.

"여기는 발리 기후변화협약 회의장 언저리입니다. 지금 막 '오늘의 화석연료상' 수상자가 결정되었습니다. 노벨상에는 그 명성에 못지않은 이그노벨(ig Novel) 상이 있듯이 기후변화협약에 역행하는 사례를 뽑아 상을 주는 '오늘의 화석연료상'이 있습니다. 이그노벨 상이 흉내 내어서도 안 되고 흉내 낼 수도 없는 엉뚱한 연구를 비꼬아 만든 상이듯이, '오늘의 화석연료상'도 기후 변화를 막는 데 도움을 주기는커녕 오히려 역행하는 국가나 제안을 선정하는 것이지요.

아, 일본이 수상자로 결정됐군요. 일본 대표는 회의 이틀째 원자력 발전 기술을 이산화탄소를 줄이는 청정 개발 기술로 인정해줄 것을 요구했는데요, 일본 대표의 강력한 수상 거부 의사를 들어보겠습니다.

기후행동네트워크(CAN)는 발리 기후 회의가 열리는 기간 동안 매일 기후 보호에 반하는 발언을 한 대표에게 '오늘의 화석연료상'을 주었다.

'오늘의 화석연료상 수상자로 일본이 결정된 것을 매우 유감스럽게 생각합니다. 물론 원자력 발전의 기술적 안전성이 완전히 입증된 것은 아닙니다. 하지만 이미 전 세계 여러 나라에서 전력의 상당 부분을 원자력 발전에 의존하고 있습니다. 아시다시피 원자력은 적은 원료로 막대한 양의 전력을 생산하고 있고, 이산화탄소를 발생시키지도 않습니다. 기후 변화를 막겠다는 것이 꼭 원시 시대로 돌아가자는 이야기는 아니지 않습니까? 재생 가능 에너지 등이 좀 더 확대되어야 한다는 데는 동의하지만 당장 전력 사용량을 대신해주지는 못합니다. 따라서 이산화탄소를 발생시키지 않는 원자력 기술도 청정 개발 기술로 인정해야 한다고 봅니다. 그리고 이 상은 안 받으면 안 될까요?'

네, 일본 대표의 '오늘의 화석연료상' 수상 소감이었습니다."

다음은 탄소 포집 기술을 청정 개발 기술로 인정하느냐 하는 건입니다. 이산화탄소를 해저 또는 해저 동굴에 가두거나, 태양빛을 부분적으로 가리는 기술, 남극에 녹조류나 플랑크톤을 대량 번식시켜 광합성을 이용한 이산화탄소 흡수 기술 등을 말합니다. 하지만 이러한 기술은 아직 검증되지 않았기 때문에 생태계에 미칠 영향이나 기술의 안전성에 대한 신뢰가 낮고, 이런 기술에만 집중할 경우 재생 가능 에너지의 확대를 오히려 가로막을 거라는 반론도 만만치 않습니다.

일본 대표가 주장한 원자력 발전 기술이나 탄소 포집 기술을 청정 개발 체제로 인정해야 할까요? 인정하지 말아야 할까요?

지구 온난화를 핑계로 해서는 절대 안 되는 일들

감 장수가 지게에 감을 잔뜩 싣고 도성 문이 닫히기 전에 들어가려고 서두르고 있었습니다. 제시간에 성안으로 들어갈 수 있을지 걱정이 된 감 장수가 길 가던 사람에게 물었습니다.

"이렇게 가면 제시간에 성안으로 들어갈 수 있겠소?"

"천천히 가면 들어갈 수 있을 거요."

'참 이상한 사람이네, 천천히 가면 제시간에 들어갈 수 있다니.' 이렇게 중얼거리며 감 장수는 서둘러 걸음을 옮겼습니다. 앗, 그런데 그만 서두르다 발아래 돌부리를 보지 못하고 넘어지고 말았습니다. 감 장수는 여기저기 흩어진 감을 주워 지게에 실었습니다. 하지만 성 앞에 도착했을 때는 이미 성문이 닫힌 뒤였습니다.

'바쁠수록 돌아가라'는 속담이 있지요. 영어에서는 '천천히 서둘러라'는 말이 있습니다. 요즘 지구 온난화 논의를 하는 데 새겨들으면 좋을 속담인 것 같습니다. 그렇다면 지구 온난화를 핑계로 절대로 해서는 안 되는 일들을 알아봅시다.

첫 번째, "제도가 짱이야."

부천에서는 쓰레기 양을 획기적으로 줄이기 위해서 각 가정의 배출량을 엄격하게 제한했어요. 그 후 부천의 쓰레기 문제는 어떻게 되었을까요? 일단 쓰레기 양은 획기적으로 줄었어요. 그러나 무단 폐기되는 양도 획기적으로 증가했어요. 몰래 버리는 비양심도 문제이지만, 모든 사람들이 합의하고 실천할 수 없는 제도라면 그것도 문제가 있겠지요.

두 번째, "이산화탄소를 줄일 수 있는 방법이면 무조건 좋다."

최근 이산화탄소 감축을 핑계로 열대우림이 파괴된다는 희한한 소식이 들려옵니다. 바이오 에너지라고 불리는 운송 수단의 연료로 사용할 수 있는 바이오에탄올을 만들기 위해서라는군요. 바이오에탄올은 주로 밀, 사탕수수, 팜나무 열매 등으로 만들어져요. 바이오에탄올은 언젠가 고갈될 석유의 대체 에너지로 각광받고 있어요. 더구나 유가가 오르면서 바이오에탄올의 사용량이 크게 늘었답니다. 그러니 돈 되는 이 작물을 재배해야겠지요. 그래서 열대우림을 불도저로 밀어내고 팜나무를 심는답니다. 대체 에너지를 만들겠다고 이산화탄소를 줄이고 산소를 공급해주는 숲을 없애다니, 참 아이러니죠? 하지만 시장이 개입을 하게 되면 자본의 논리로 움직이는 게 세상의 이치입니다. 극한 상황에 처한 사람이 장기 밀매를 한다는 이야기나 돈이 되는 바이오에탄올을 위해 지구의 허파를 도려내는 것이나 같은 이야기가 아닐까 싶네요. 따라서 무조건 이산화탄소를 줄일 수만 있다면 어떤 방법도 좋다는 것은 잘못된 생각입니다.

세 번째, "가장 효과가 좋고, 성과가 잘 나타나는 방법이면 무조건 OK."

이렇게 생각하면 원자력 발전이나 이산화탄소를 잡아가두는 어떤 방법도 다 사용할 수 있다는 이야기가 됩니다. 원자력 발전은 우라늄이라는 한정된 자원을 이용하기 때문에 재생 가능하지 않고, 핵 폐기물을 처리할 방법이 없다는 문제가 있어요. 뿐만 아니라 발전 수명이 다 끝난 원자력 발전소는 그 자체가 거대한 폐기물로 남게 돼요. 지금 당장에는 편리하게 전력을 사용할 수 있겠지만, 후손들에게 핵 폐기물을 떠넘기게 되는 거지요. 이산화탄소를 바다 속이나 지하 동굴에 가두는 문제도 근본적인 해결이 아니라 임시방편에 지나지 않아요. 또 가두어둔 이산화탄소가 얌전히

2007년 인도네시아 발리에서 기후 회의가 열리던 때, 500명의 환경 운동가들이 발리의 쿠타 해변에 모여 각국의 적극적인 행동을 촉구하며 "행동할 때는 바로 지금!"이라고 강조했다.

그곳에 영원히 있으리라는 보장도 없고요.

그러니 우리는 멀리 내다볼 수 있어야 해요. 장기적으로 지구의 생태계를 보호하고 지구 위의 사람들이 평화롭게 살아가려면 모두가 합의할 수 있는 방법을 연구해야 할 것입니다.

그래도 지구의 허파는 구사일생으로 목숨을 건졌다

아쉽게도 이번 발리 회의에서는 구체적인 이산화탄소 감축 방법에 대해 합의한 내용이 없군요. 단지 이후 구체적인 방법을 논의하자고만 합의했네요. 그래도 교토의정서에 불참했던 미국이 참가하기로 약속했고, 교토의정서의 효력이 끝나는 2013년부터 개발도상국을 포함한 모든 나라들이 감축 대상이 된다고 하니, 성과라면 성과라고 할 수 있을까요?

아, 그래도 반가운 소식이 있어요. '열대 산림을 베어내지 않는 것도 청정 개발 체제 사업으로 인정'하기로 했답니다. 브라질 아마존과 인도네시아의 열대림이 산업화로 마구 파괴되는데, 이 나라들이 산림을 보전하는 만큼 청정 개발 체제로 인정하기로 했다고 해요. 구사일생으로 지구의 허파는 지킬 수 있게 된 셈이에요. 마치 총알이 난무하는 전쟁터의 포화를 뚫고 살아난 우리의 열대우림이라고나 할까요. 유럽연합과 미국, 중국 등 세계 경제의 주도권을 쥐려는 각자의 계산 때문에 이리저리 밀리다 무산될 뻔한 회의였으니까요.

발리 회의는 전반적으로 성과가 없는 회의였다는 평가를 받고 있어요. 2009년 덴마크 코펜하겐에서 열릴 예정인 기후변화회의도 무산될 가능성이 많다니, 지구 온난화를 해결하는 길은 멀고도 험한 것 같아요.

3장 행복한 무균 미니 돼지

: 동물 실험

38억 원짜리 집에서 살아요, 꿀꿀

저는 무균 미니 돼지예요, 꿀꿀. 세상에 태어난 지 일주일 된 아기랍니다. 일반 돼지의 3분의 1 크기밖에 안 되기 때문에 미니 돼지라고 불려요. 무균이란 말은 병원균 감염을 막기 위해 태어날 때부터 외부 공기가 차단된 무균실에서 자랐다는 뜻이고요. 돼지는 태반이 두꺼워 엄마의 면역세포가 아기에게 전달되지 않아요. 그래서 제왕절개로 아기 돼지를 꺼내 무균 시설에서 키우면 우리 같은 무균 돼지로 자라게 돼요. 제가 특급 대우를 받는 데는 이유가 있어요. 제 몸에 있는 장기가 인간의 장기와 크기가 같아 환자에게 이식할 수 있기 때문이에요.

무균 돼지가 처음 태어난 곳은 미국이에요. 엄마 아빠들이 한국에 온 것은 2003년이었어요. 배아세포로 첫 한국산 무균 미니 돼지가 태어났죠. 엄마 아빠들을 대상으로 췌장 세포를 당뇨병 환자에게 이식하는 연구가 진행 중이에요. 우리 장기가 사람에게 이식되면 면역 거부 반응이 일어나요. 그래서 우리에게 사람 유전자를 이식해 나중에 사람 몸이 우리 장기를 침입자로 여기지 않게 하는 연구를 하는 거래요. 1년 내에 우리 췌장 세포를 원숭이에게 이식하는 실험을 한다고 해요.

참, 우리 집 자랑 좀 할게요.

현재 세계에서 우리 무균 돼지가 자라는 곳은 한국의 유명 대학 두 곳뿐이에요. 저는 그게 너무 자랑스러워요. 친구들 100마리가 함께 자랄 수 있는 대형 시설이죠. 우리 집에는 외부 공기가 절대로 들어올 수 없어요. 사람들은 18단계 멸균 과정과 생체 인식 보안 장치를 거쳐야 우릴 볼 수 있어요. 밖에서 24시간 내내 우릴 카메라로 지켜보지요. 우리 몸은 아주 작아도 먹고 자는 데 1년에 500만 원이 넘게 들어요. 우리 집만 해도 38억 원짜리예요. 정말 멋지죠? 꿀꿀.

'38억짜리 집에서 살아요, 꿀꿀', 〈조선일보〉, 2007년 11월 23일자에서 발췌 인용.

실험실의 무균 돼지들이 모여 있다.

"너 이 기사 봤니?"

돼지 1408호가 말한다.

"응. 너무해."

구석에 쪼그려 앉은 1490호가 힘없는 작은 목소리로 대답한다.

"자기들 멋대로야. 누가 38억 원짜리 집에서 사는 걸 자랑스럽게 생각한다고."

1408호는 화가 나 견딜 수가 없다.

가장 조그마한 1502호가 울먹인다.

"우리 엄마는 제왕절개 된 게 아니야. 우리를 빨리 꺼내기 위해 산 채로 거꾸로 매달려 배를 난도질당했다고. 창자도 다 끊어진 채로. 우리만 빨리 꺼내서 오염되지 않게 하려는 거였어. 엄마야 어떻게 되든 말든 상관없이 말이야. 불쌍한 엄마! 엉엉."

1490호(팔랑 돼지) 그만 울어. 사람들이 우릴 24시간 감시하는 거 몰라? 얌전히 있으라고.

1408호(까칠 돼지) 엄마만 불쌍한 게 아니야. 우리도 같은 운명인걸. 일반 돼지들은 어떨지 모르지만 우리는 어쨌든 기형이야. 오직 이 실험실에서만 살아야 해. 아, 신선한 공기를 맛보고 싶어.

1502호(SM 돼지) 난 진흙탕에서 뒹구는 게 꿈이야. 돼지답게 살고 싶어.

그때 1358호가 잠결에 한쪽 눈을 찔끔 뜨며 깨어난다.

1358호(사명 돼지) 정말 돼지 같은 소리 하고 있네. 돼지로 태어나서 이런 38억짜리 집에도 살아보고 특별대우 받고, 난 정말이지 자랑스럽다고. 신문에 우리 이름도 나고 말이야.

1502호(SM 돼지) 넌 정말 태평하구나. 우리하고는 다른 거 같아. 난 죽는 게 싫어.

1358호(사명 돼지) 죽는 건 모두가 마찬가지잖아. 내 몸이 의미 있는 데 쓰인다는 건 영광스러운 거야.

1408호(까칠 돼지) 너 같은 돼지 때문에 저런 기사가 나오는 거라고. 괜히 우리까지 들쑤시지 말고 혼자 조용히 꿈이나 꾸시지! 영웅처럼 죽는 그 순간을 위해…….

1358호(사명 돼지) '무균 미니 돼지! 위대한 인간을 위해 태어나 인간의 영생을 위해 살다 죽다'랑 '제주 똥돼지! 진흙탕에서 뒹굴다 밥상에 오르다', 둘 중 뭐가 좋냐?

1502호(SM 돼지) 그래도 난 진흙탕에서 뒹굴어보는 게 소원이야.

1358호(사명 돼지) 무균, 우리 몸은 다른 돼지들과 달라. 말하자면 신성하고 흠이 없어. 거룩하신 이 몸이 인류의 역사를 바꿀 거야. 난 그 역사적 사명을 생각하면 어떤 죽음도 두렵지 않아.

1490호(팔랑 돼지) 꿍, 그런 거야? 우리가 그렇게 대단한 존재였구나…….

1408호(까칠 돼지) 꿀꿀. 정신 차리라고! 대단한 존재? 고작 인간의 실험 동물일 뿐인데.

1490호(팔랑 돼지) 헉! 실험 동물? 맞아. 실험 동물일 뿐이야…….

1358호(사명 돼지) 우리 몸에는 인간의 유전자가 들어 있다고. 만물의 영장인 인간과 조금이라도 닮을 수 있다면 그것보다 영광스러운 일이 있겠어? 우리는 다르다고. 우리가 바로 복돼지란 말이야. 난치병 인간에게 희망을 주는 복돼지…….

1490호(팔랑 돼지) 복돼지? 황금돼지……. 그러고 보니 저금통 모양도 우리 모양이고, 복을 비는 제사상에도 우리 머리가 있고. 우린 복돼지야. 1358호랑 친하게 지내야겠어. 너랑 있으면 울적했던 기분이 사라지거든.

1502호(SM 돼지) 넌 왜 이랬다 저랬다 해? 난 실험 동물이고 복돼지고 다 상관없어. 엄마가 보고 싶고, 여기서 나가고 싶을 뿐이야. 앙~ 앙~.

1408호(까칠 돼지) 모두 시끄러워……. 실험 동물이든 복돼지든 그건 인간의 입장에서 말하는 거야. 우리 돼지를 배려하는 마음은 조금도 없다고. 모든 것이 저 기사처럼 조작된 거야. 자기들 편리한 대로. 인간이 만물의 영장이라면 만물을 잘 다스려야 하는데 너무 이기적이야. 모든 것을 자기들을 위해 이용할 뿐이야. 우리도 그중 하나야. 실험실에서 온갖 실험을 당하다 죽는 가장 불쌍한 존재라고. 우리 생명도 존중한다면 나도 기꺼이 죽을 수 있어. 하지만 오직 살로만 취급받는 우리 몸뚱어리…… 그 죽음은 조금도 영광스럽지 않아.

그때 실험실 철장 문이 열린다. 인간의 눈이 첫 번째 실험 돼지를 찾고 있다. 1502호는 꿍꿍거리며 1358호 뒤로 몸을 숨긴다.

결국
그런 거였어?
장기이식

1358호(사명 돼지) 누군가 살기 위해서는 누군가는 죽어야 해. 그건 돼지 일생에서 가장 값진 희생이야. 역사에 길이 남을……. 내가 가장 먼저 앞장설 거야. 친구들……, 날 기억해줘.

1358호가 끌려가고 조금 뒤 돼지 멱따는 비명소리가 들린다.

1502호(SM 돼지) 1358호……, 어떻게 된 거야?

1408호(까칠 돼지) 몰랐니? 저 친구 췌장…… 오늘 원숭이한테 이식된대.

1490호(팔랑 돼지) 이식한 다음에는?

1408호(까칠 돼지) 우리에게 다음이라는 것이 있을까? 그냥 버려지겠지. 무균 돼지는 많이 있잖아.

1408호가 씁쓸한 미소를 짓는다. 1490호가 정신이 나간 듯 목을 놓아 운다. 1502호는 몸을 움츠리며 울지도 않는다.

신장병을 앓고 있는 영수네 이야기

한편 신장병을 앓고 있는 영수네 집.

"여보, 이 기사 봤어요? 무균 미니 돼지 연구가 활발한 것 같아요. 우리 영수에게도 희망이 생겼어요."

영수 어머니가 아버지에게 인터넷 기사를 보여주며 기뻐한다.

"아직 연구 단계에 있군. 이보다 어서 조직이 비슷한 사람의 신장을 이식할 수 있다면 좋을 텐데."

"아무리 조직이 비슷해도 거부 반응이 생길 수 있는데, 이 무균 미니 돼지는 사람과 장기 크기도 같고, 또 실험만 성공하면 거부 반응도 없다잖아요.”

“아차, 오늘 영수 병원 가는 날 아닌가?”

누렇게 부어 있는 영수가 말한다.

“아빠, 저 병원 안 가면 안 돼요? 제 피를 다 뽑았다가 다시 넣는 작업, 너무 힘들어요. 나도 공부도 하고 싶고 친구들이랑 뛰어놀고 싶다고요.”

어머니가 몰래 눈시울을 붉힌다. ‘아직 열두 살밖에 안 된 어린것이, 일주일에 두 번씩 투석을 해야 하니 얼마나 힘들까. 어서 연구가 진행되어야 하는데……. 영수가 신장 이식을 받고 건강하게 사는 걸 보는 게 소원인데.’

둘 다 가슴이 먹먹해지는 이야기네요. 실험실의 돼지들이 영수의 신장을 대체할 수 있을까요? 여러분은 대답을 망설일 겁니다. 사명감을 가진 멋진 과학자들이 동물 실험 연구에 박차를 가해 주기만 한다면 가능할 거라고 막연히 기대하고 있을지도 모르겠네요.

이런 가정을 해봅시다. 어떤 사람이 뇌사로 죽게 되면 장기를 기증하겠다는 서약서를 썼어요. 그러던 중 갑자기 사고로 뇌사 상태가 되었어요. 매우 드문 확률이지만 그 사람의 신장 조직이 영수의 조직과 유사해 영수가 그 사람의 신장을 받게 되었어요. 이런 몇 번의 확률 게임에서 통과해야 신장 이식이 실제로 가능해요. 이처럼 사람의 신장을 이식받는 것은 무척 어렵기 때문에 저 무균 돼지들이 필요하다는 생각이 들 거예요. 동물이 불쌍하긴 하지만 내 가족, 인류의 건강이 우선이니까요. 육식을 즐기는 인간들을 위해 매일 가축이 도살되는 마당에 병을 고치기 위한 실험 동물 정도면 오히려 값진 목숨으로 여겨질 수 있어요. 그런데 정말 그럴까요?

마침 토론 광장에서 동물 실험을 주제로 토론이 벌어지고 있네요. 한번 귀 기울여 볼까요?

진행해 님 에이즈 연구의 선두주자 마크 페인버그(Mark Feinberg) 박사님은 언젠가 동물 실험에 대해서 이렇게 말했습니다. "원숭이에게 무엇이 좋은 백신인가를 테스트해보았는가? 원숭이에게 어떤 물질이 효과가 있는가를 발견하는 데는 5~6년의 기간이 필요하고, 그 후에야 그것이 인간에게도 효과가 있는지 테스트해볼 수 있다. 그때서야 당신은 인간이 원숭이와는 전혀 다른 반응을 보인다는 사실을 깨닫는 데 5년의 시간이 허비되었음을 알게 된다." 동물 실험이 전부가 아니라는 의미심장한 말입니다. 오늘 동물 실험을 주제로 열리는 이 토론장에 여러 유명 인사들이 나오셨는데 각자 의견을 활발히 개진해주십시오.

궁금해 님 왜 우리는 질병을 치료하는 데 인간이 아니라 동물이 필요하다는 생각을 하게 되었을까요?

깐죽이 님 당연하지 않습니까? 인간 실험을 어떻게 한단 말입니까? 인간 생체 실험이 얼마나 끔찍한 일인지 모릅니까? 동물이 불쌍하지만 인류를 위해서 어쩔 수 없습니다. 포유류는 인간과 비슷하니까요.

좀알아 님 인간과 비슷하다고 인간은 아니지 않습니까? 저 역시 인간 생체 실험을 해야 한다고 주장하는 것은 아닙니다. 살아 있는 인간에게 해를 끼치지 않으면서 인간을 연구해야 한다고 생각합니다.

진행해 님 구체적으로 어떤 방법이 있을까요?

좀알아 님 죽은 사람의 시체를 연구하는 것이지요. 그 사람이 죽은 원인은 부검을 통해 더 정확하게 알 수 있습니다. 병원에서 질병으로 진단되지 않은 경우 64퍼센트가 시체의 부검을 통해 증명되고 있습니다. 또 신약을 연구할 때 지원자들에게 무해한 양의 약을 투여해 그들의 변화를 관찰하는 임상병리학의 방법도 있습니다. 역학관계를 이용할 수도 있습니다. 예를 들어 일산화탄소 중독 증세를 보이는 환자들을 조사해보니 그들이 철강업에 종사한다는 공통점이 있었습니다. 결국 질병의 원인은 작업장 환경이라는 것을 밝혀내고 작업장 환경을 개선하게 되었죠.

끼어들기 님 그러고 보니, 한의학에서는 오직 사람을 대상으로 연구하지 않습니까? 동물을 해부하고 동물 실험을 하지 않다 보니 정해진 공식처럼 의료 진단을 하기보다 상황별, 개인별로 해석하고 거기에 맞는 처방을 하는 것 같습니다. 그것이 오랜 임상 관찰의 결과 아닐까요?

진행해 님 맞습니다. 이처럼 임상병리학이 동물 실험의 좋은 대안이 될 수 있겠군요. 그 밖에 더 좋은 대안은 없을까요?

깐죽이 님 잠깐만요. 그런데 동물 실험을 통해 개발된 신약이 부작용을 일으킨 사례가 있습니까? 인류에게 도움이 되는 방법이라면 이 방법 저 방법 다 좋습니다. 다만 역학조사니 임상병리학이니 해도 인간을 상대로 연구한다는 것은 법적인 제약도 많고 다루기가 여간 까다롭지 않습니다. 사람을 어떻게 실험하고 관찰할 수 있습니까? 변덕스럽고 감정도 복잡하고 시끄럽고. 동물은 우리에 가둔 채 관리할 수 있고, 결과를 확실히 알 수 있고 부담이 없지 않습니까? 구하기도 쉽고, 실험에 참가하겠냐고 의사를 묻지 않아도 되죠. 신약이 개발되기를 손꼽아 기다리는 환자들을 생각하면 마냥 지원자를 찾고 반응을 기다리며 결과를 모으는 것보다 동물 실험을 통해 증명하는 편이 더 빠르고 정확하지 않습니까?

좀알아 님 좋은 질문입니다. 저도 감정에 호소해서 동물 실험 이외의 대안을 이야기하는 것은 아닙니다. 깐죽이 님과 마찬가지로 저도 인간의 복지와 건강을 신경 쓰기 때문에 이런 이야기를 하는 겁니다.

진행해 님 좀알아 님, 동물 실험의 부정적 사례가 있었다면 소개를 해주시지요.

좀알아 님 사례가 너무 많아 무엇부터 이야기해야 할지 모를 지경입니다. 우선 탈리도마이드(Thalidomide) 사건을 이야기하겠습니다. 탈리도마

동물 실험에서는 문제가 없었던 탈리도마이드가 사람에게는 해를 입힌다는 사실이 밝혀질 때까지 많은 임산부들이 이 약을 복용해 기형아를 낳았다.

이드는 임신부들의 입덧을 없애기 위해 나왔습니다. 당연히 동물 실험을 거쳤고 부작용이 전혀 없는 약으로 알려졌지요. 하지만 임신부들이 이 약을 복용하고 기형아를 낳았습니다. 아이들은 팔다리가 없이 오뚝이처럼 몸통에 손과 발이 붙어 있는 모습으로 태어났습니다. 1959년 독일의 한 의사가 탈리도마이드와 기형아 출산의 연관성을 알렸지만, 이 보고는 묵살되었습니다. 그 후에도 약은 몇 년 동안 계속 유통되었습니다. 1961년, 확실한 증거를 수집한 의사가 약 판매를 중지해야 한다고 기업체에 알리고, 이것이 신문에 보도되고 나서야 판매가 중지되었습니다. 왜 그랬을까요? 그렇게 인체에 해로운 약이라면 당연히 판매를 중단해야 할 텐데 말입니다. 그 이유는 동물 실험으로는 증명할 수가 없었기 때문입니다. 탈리도마이드를 주입한 생쥐와 쥐한테서는 아무런 부작용이 나타나지 않았던 것입니다. 하지만 얼마 후 뉴질랜드 토끼에게 인간에게 투여한 양보다 25~300배가량 더 많은 약물을 투여했더니 토끼는 병에 걸렸습니다. 또 몇 마리의 원숭이가 기형 새끼를 출산했고요. 결국 약 판매가 중단되기 전까지 전 세계에서 1만 명 이상의 신생아들이 불구로 태어났습니다. 신약을 허가 받기 위해 통과 의례가 된 동물 실험. 오히려 그런 동물 실험 때문에 정작 필요한 안전 검사를 하지 않았던 셈이지요.

진행해 님 그런 문제가 있는데도 과학자들은 왜 여전히 동물 실험을 통해 질병의 원인과 신약 개발 등을 증명하려고 하는 겁니까?

좀알아 님 그건 이전부터 적용된 논리 때문입니다. 특정 질병이 질병으로 판명되려면 모든 동물에게 같은 결과로 나타나야 한다는 논리를 당연하게 받아들이는 겁니다. 거기에 오래된 관습과 관행이 더해졌고, 그 사이 동물 실험과 관련해 밥그릇을 챙기는 사람들이 많아져서 어느 누구도 그러한 관행에 이의를 제기하지 않게 되었죠. 말하자면 인간을 위해서 동물 실험은 필요악이라고 당연시하는 거죠. 그 밖의 대안은 없거나 불완전하다고 믿고 새로운 대안을 찾으려고 하지도 않지요. 그러는 사이 수많은 동물들이 희생되고, 사람들도 정확한 원인을 모르기 때문에 부작용을 감수할 수밖에 없고요.

깐죽이 님 잘 이해가 안 가는군요. 하나씩 질문을 하겠습니다. '어떤 질병이 모든 동물에게 같은 결과로 나타난다'는 것은 무슨 뜻입니까?

좀알아 님 19세기에 세균학의 기초를 세운 코흐(Robert Koch)라는 과학자가 있었어요. 그는 어떤 세균을 특정 질병의 원인이 되는 병원체로 인정하기 위해서는 다음과 같은 조건을 만족해야 한다고 했습니다. 이른바 '코흐의 가설'이에요.

1. 병원체는 감염 동물에서만 존재하며 건강한 동물에는 존재하지 않는다.
2. 병원체는 감염 동물로부터 순수 분리할 수 있어야 한다.

3. 가설 2에서 분리한 병원체를 건강한 동물에 감염시킬 경우 동일한 증상이 나타나야 한다.
4. 가설 3의 감염 동물로부터 동일한 병원체가 다시 순수 분리되어야 하며 그 병원체는 원래 병원체와 같아야 한다.

특정 미생물이 특정 질병을 유발시킨다는 것을 가설을 세운 코흐.

코흐의 가설은 처음에는 맞는 듯 했어요. 탄저병을 일으키는 탄저균을 최초로 소와 쥐에게서 분리하는 데 성공했지요. 그리고 양에게 백신을 놓음으로써 가설을 성공적으로 입증했어요. 그러나 그 뒤 무수한 실험에서는 실패를 거듭하게 됩니다. 하지만 성공한 사례만 알려지고 실패한 사례는 잘 알려지지 않았어요. 예나 지금이나 실패한 것을 떠벌리는 언론이나 논문은 없으니까요.

코흐는 1870년, 당시 무서운 질병이었던 결핵균을 인간에게서 분리해 내는 데 성공합니다. 결핵으로 죽은 사람의 시체를 해부하거나 결핵에 걸린 사람들 간의 관계 조사를 통해 결핵균을 발견한 것입니다. 그리고 자신의 가설에 따라 사람에게서 분리한 결핵균이 다른 종에게 어떤 결과를 보이는지 알아보기 위해 쥐에게 결핵균을 투여했어요. 하지만 쥐는 결핵에 걸리지 않았죠. 원숭이, 고양이, 개 등 여러 동물을 대상으로 실험했지만 마찬가지였어요. 동물과 인간은 다르기 때문에 동물에게 인간과 같은 질병의 원인균을 투여해도 병이 진행되지 않았던 겁니다.

끼어들기 님 우와, 좀알아 님은 좀 아는 게 아닌 것 같습니다.

좀알아 님 끼어들기 님, 아직 설명이 끝나지 않았습니다. 코흐는 결핵균을 완화시켜 '백신'을 개발하려 했습니다. 백신이란 예방주사 같은 거예요. 독감에 걸리기 전에 독감 예방주사를 맞지 않습니까? 독감 예방 백신은 독감 균이 거의 기능을 못하게 약화된 상태라고 생각하면 됩니다. 우리 몸이 약한 균과 싸우는 연습을 통해 독감 균에 대한 면역이 생기게 해서 진짜 강한 독감 균이 쳐들어왔을 때 싸울 무기를 생산해 낼 수 있도록 하는 거예요. 이 무기를 '항체'라고 부릅니다. 어쨌든 코흐는 쥐에게서 백신을 얻어내는 데 성공했어요. 쥐를 결핵에 걸리게 한 결핵균에서 독성을 약화시킨 물질을 얻었다는 뜻입니다. 그리고 쥐로부터 얻어낸 백신으로 결핵 환자들을 '치료 프로그램'에 참가시켰습니다. 환자들은 큰 기대를 갖고 베를린으로 모여들었지요. 그러나 결과는 참담했습니다. 백신이 전혀 듣지 않은 환자들도 있었고, 심지어 회복 중이었는데 더 악화된 환자도 있었지요. 이것은 무엇을 의미할까요? 쥐를 감염시킨 그 균의 독성 정도가 사람에게 적용되었을 때는 전혀 다른 결과를 가져올 수 있다는 뜻입니다.

코흐도 고백했습니다. "인간의 결핵과 동물의 결핵은 비록 같은 미생물에 의해 발생했어도 병의 진행은 전혀 다르게 나타난다. 동물의 병은 단순하고 상당 부분 예측 가능했지만, 인간의 경우에는 병세가 훨씬 더 복잡하다. 따라서 우리는 실험실 동물에게 효험이 있는 약이 인간에게도 동일하게 효험이 있으리라고 추정해서는 안 된다." 이렇게 코흐는 자신이 처음에 세웠던 가설과 주장을 철회했습니다. 세계적인 의학 잡지 〈랜싯(Lancet)〉도 "우리는 원인균에 대한 결정적 테스트로서 코흐의 가설을 받아들일 수 없다"고 공언했습니다. 그런데도 코흐의 가설은 여전히 세균학의 정설로 오늘날까지 알려져 있습니다. 코흐의 포기를 충고로 받아들이는 의학도도 없습니다.

궁금해 님 왜 이런 일이 생기는 겁니까? 저 역시 코흐의 가설이 실패했다는 이야기는 처음 듣습니다.

좀알아 님 그건 마치 이것과 같습니다. 처음에 '무균 미니 돼지가 성공적으로 자라고 있다', '무균 시설을 완비했다'는 기사가 나오면 대중들은 환호합니다. 곧 인간의 장기와 똑같은 장기를 이식받을 수 있을 것만 같은 기대감이 생기죠. 무균 미니 돼지를 기르기 위해 실험실은 값비싼 장비들로 채워지고 연구비를 지원받게 됩니다. 심지어 38억 원짜리 연구실을 국내에서 유일하게 가졌다는 것에 대해 자부심도 느낍니다. 그러한 장밋빛 전망과 최첨단 시설을 언론에 홍보하는 데 연구비 일부가 들어갑니다. 대중들은 의학과 과학을 찬양합니다. 병을 앓고 있는 사람들에게는 무균 미니 돼지가 메시아처럼 느껴질 정도입니다. 그러나 그 뒤 무균 돼지의 장기를 원숭이에게 이식한 것이 성공했는지 실패했는지에 대해서는 언급이 없습니다. 혹 성공했을지라도 그 뒤에 어떤 부작용이 일어났는지에 대한 기사는 없습니다. 그러는 동안 많은 종에 대한 실험이 이루어집니다. 돼지, 원숭이 등의 동물이 희생양이 되는 거지요. 그리고 어쩌면 이 모든 것이 성공했을지라도 최초의 사람은 부작용의 위험을 감수해야 합니다. 그 결과가 성공일지 실패일지는 여전히 미지수입니다.

진행해 님 좀 전에 관습과 관행이라고 말씀하셨습니다. 왜 동물 실험이 관습이 되었습니까?

좀알아 님 그걸 설명하려면 기원전으로 거슬러 올라가야 합니다. 기원전 4세기경 히포크라테스(Hippocrates)라는 고대 그리스의 의학자가 있었습니다. '의학의 아버지'라고 불리고 의료의 윤리적 지침을 선언한 '히포크라테스 선서'로 유명하지요. 그는 임상 연구를 통해 특정 질병이 어떤 증세로 나타나고, 누가 그 병에 잘 걸리는가를 충분히 관찰하면 질병의 진행 과정을 예견할 수 있다고 했습니다. 당시 의학은 임상 관찰을 통해 유용한 의학 정보를 얻고 있었고 계속 검증의 시간을 거치고 있었습니다.

그런데 기원전 2세기경에 이르면 히포크라테스가 말한 대로 인간을 기반으로 한 의학 연구를 계속하기가 어려워집니다. '교회 의정서'에 따라 시체 해부가 금지되었기 때문입니다. 그러자 갈레노스(Claudios Galenos)는 동물 해부를 토대로 해부학과 생리학, 병리학에 걸친 의학 체계를 만들어내게 됩니다.

해부학의 창시자 갈레노스. 갈레노스가 살았던 로마 제국 시대에는 법으로 인체의 해부를 금했다. 그는 대신 아프리카산 바바리 원숭이와 돼지를 실험 대상으로 삼아 해부학 지식을 쌓았다.

갈레노스는 동물에게서 얻은 생리학적 자료를 인간에 대한 개인적인 관찰과 연결시켰습니다. 그는 500편 이상의 논문을 썼고 설득력 있는 강사로 역사적으로 중요한 인물이 되었습니다. 덕분에 많은 사람들은 동물을 통해 얻은 지식으로 인간의 문제를 해결할 수 있다고 믿게 되었습니다. 그러나 사실 그의 학설에는 잘못된 것도 많았습니다.

그는 간이 피를 만들어내고(사실은 골수에서 피가 생성됨) 심장이 서로 다른 두 가지 종류의 피를 따뜻하게 데우는 기관이라고 했습니다(사실은 심장이 피를 펌프질 함). 또한 정맥과 동맥은 연결되지 않았다고 믿었습니다(정맥과 동맥은 가는 모세혈관으로 연결되어 있음).

어쨌든 의학의 역사를 거슬러 올라가다 보면 인간의 시체 해부에 대한 교회의 부정적 태도가 인체에 대한 연구를 억압했고, 그 결과 동물 해부를 인간에게 적용한 잘못된 학설이 그 후 14세기 동안 의학 발전을 가로막게 된 것입니다. 그럼에도 동물 실험을 선호하는 사람들은 아직도 갈레노스의 논문을 인용하고 있는 형편이니, 시작부터 잘못된 것이지요.

궁금해 님 쩝, 듣고 보니 안타깝네요. 그럼 아까 누구 때문에 말씀하시다가 끊긴 다른 대안에 대해서 더 듣고 싶습니다. 또 잘못 굳어진 관행이라면 바로잡아야 하는데, 그게 왜 안 되는 걸까요?

깐죽이 님 (혼자 찔려서) 제가 흐름을 끊었다는 식으로 말씀하시는군요. 전 단지 다른 방향을 생각해보고 싶었을 뿐입니다.

끼어들기 님 저도 깐죽이 님이 깐죽거렸다고는 생각하지 않습니다. '좀알아 님'이 동물 실험을 반대하는 입장인데 '동물 실험을 꼭 해야 한다'는 입장에 대해 좀 아는 사람 없습니까?

진행해 님 이 토론장은 길들여진 사고의 다른 쪽을 듣기 위해 열린 공간이라는 점, 양해해주십시오. 동물 실험이 필요하다는 것이 이미 사회적으로 받아들여지고 있는 추세라 굳이 그쪽 입장에 있는 분은 모시지 않았습니다.

좀알아 님 죄송합니다. 저만 아는 척을 해서…….

진행해 님 궁금해 님의 질문에 계속 답해주시죠.

좀알아 님 아까 동물 실험의 부정적 사례를 말하기 전에 몇 가지 대안을 말했더라?

진행해 님 네, 시체 부검, 임상병리학, 역학관계까지 말씀하셨습니다.

좀알아 님 그렇군요. 이미 중요한 대안은 말씀드렸네요. 부검, 임상병리학, 역학관계 등의 방법은 고대부터 사용해온 것입니다. 아마도 동물 실험이 확대되지 않았다면 이런 방법이 주된 검증 방법이 되었을 것입니다. 요즘엔 과학과 기술이 발달해서 실험실 세포 배양(다세포 생물에서 분리한 세포를 특수한 용기 내에서 성장 및 보존시키는 것), 수학적 모델링, 컴퓨터 보조 연구 등 더욱 다양한 방법들이 개발되었습니다. 미국의 한 생명공학회사 회장은 이렇게 말했어요. "나는 10년이나 20년 정도를 예상하고 있지만 궁극적으로 유전자나 단백질 발현 실험(단백질의 중요 기능을 수행하는 아미노산을 원하는 다른 아미노산으로 교체해 새로운 기능의 단백질을 만드는 기술)이 동물 실험을 대신할 것이다. 이것은 혁명적인 과정이 아니라 진보하는 과정이다."

현대 생명공학은 인간의 암 조직의 일부를 통해서도 많은 정보를 얻을 수 있고 이 조직을 영구적으로 보존하고 유지할 수도 있습니다. 대부분의 질병은 현미경으로 관찰해야 보일 만큼 작은 분자 크기에서 일어나기 때문에 심지어 동물 실험 안내서에서도 세포와 조직에 관한 모든 연구가 시험관 안에서 수행될 수 있다고 설명하고 있죠.

또 수학적 모델링과 컴퓨터 보조 연구를 통해 조사할 수도 있습니다. 예를 들어 유방암은 수학적 모델에 의해 설명될 수 있습니다. 현미경으로 보면 유방암의 종류가 동일하게 보이지만 수학적 모델을 이용하면 미세한 차이점을 발견할 수 있어요. 또 컴퓨터 프로그램을 이용해 인체기관을 모방한 시스템에 약물 처방을 하면서 상호작용을 살펴보는 방법도 있습니다. 심장 박동, 혈압, 소변 배출 등의 변화 자료를 얻어 관찰하는 거지요. 우리가 대안을 찾으려는 노력만 한다면 방법은 많습니다.

정말 실험실의 돼지가 영수의 신장을 대체할 수 있을까?

동물 실험에 대해 우리가 미처 몰랐던 부분이 많았군요. 그럼 또 하나 질문을 해보겠습니다.

"실험실의 돼지들이 영수의 신장을 대체할 수 있을까요?"

이제는 마음이 오락가락할 거라고 생각합니다.

인간이 아닌 다른 동물의 장기나 조직을 환자에게 이식해서 치료하는 것을 '이종 이식'이라고 합니다. 사람의 장기를 기증받을 수 있는 기회가 매우 드물기 때문에 다른 대안을 모색하는 과정에서 나온 기술이지요. 하지만 이종 이식에는 여러 가지 부작용이 있어요. 특히 문제가 되는 것은 면역학적인 거부 반응이에요. 낯선 이물질에 대해 격렬하게 반응하는 면역계 때문에 이식에 성공한다고 해도 그리 오래 생존하지는 못합니다. 사례를 한번 살펴볼까요?

1905년 토끼 신장의 일부를 한 어린이에게 이식하는 데 성공했지만 그 어린이는 2주 뒤에 사망했습니다. 1923년에는 양의 신장을 환자에게 이식했지만 역시 성공하지 못했습니다. 1920년에는 프랑스에서 원숭이 고환을 노년의 남성에게 이식하는 수술을 했는데 장기 기능이 완전히 정지되고 말았지요. 1963년에는 침팬지의 신장과 개코원숭이의 신장을 사람에게 이식했는데, 10명 가운데 1명만 9개월 정도 살고 나머지는 며칠 만에 사망했습니다. 이처럼 이종 이식은 실패할 확률이 매우 높습니다. 수술 직후에 의사들이 성공적이었다고 말하는 것은 환자들이 수술실에서 나갈 때는 숨을 쉬고 있기 때문입니다. 하지만 그 후는 누구도 장담할 수 없습니다.

이종 이식이 위험한 또 다른 이유는 바이러스 때문입니다. 이종에게 있을 수 있는 바이러스는 알려진 것만 해도 4,000종이고, 아직까지 정확히 알려지지 않은 것도 수백만 종에 이른다고 합니다. 그것들은 다른 종에서는 문제가 없지만 인간에게 전염되었을 때 변형, 전이되어 질병을 일으킬 가능성이 있습니다. 광우병의 원인인 '프리온(prion)'이라는 작은 단백질 조각도 언제 어떻게 인간을 공격할지 알 수 없습니다. 에이즈의 원인으로 밝혀진 HIV 바이러스도 마찬가지예요. 영장류한테는 아무 문제없는 바이러스이지만 사람에게 옮아갔을 때는 치명적이지요. 이종 이식을 할 경우 제2, 제3의 에이즈 같은 바이러스로 인한 병이 인간에게 전염되지 않는다는 보장이 없습니다. 우리가 알고 있고 또는 모르고 있을 미지의 질병들을 어떻게 다 알아서 미리 예방할 수 있겠습니까?

그렇다면 이것이 개인의 문제일까요? 이것은 인류 전체를 위협하는 문제일 수 있습니다. 바이러스는 잠복 기간이 있어 이종 장기 이식을 받은 사람에게 옮겨졌다 하더라도 당장은 나타나지 않을 수 있어요. 그사이 바이러스는 기침이나 재채기 등을 통해 퍼져 나가 보균자가 급격히 늘어날 수 있습니다. 에볼라 바이러스 감염과 같은 위험한 상황이 얼마든지 일어날 수 있는 거지요.

침팬지와 같은 영장류는 유전적으로 인간과 가까워 바이러스가 전이될 가능성이 더 높다고 해요. 그래서 인간의 차세대 사촌으로 돼지가 떠오르고 있어요(보통 돼지에 있는 바이러스들은 그 종류나 성격이 대략적으로 알려져 있기 때문에 대처할 수 있어요). 돼지가 가지고 있는 전염병들이 인간의 면역체계에서 살아남지 못하기 때문이에요. 면역 거부 반응만 없다면 돼지가 안성맞춤인 셈이지요. 그래서 돼지의 유전자를 적절히 조작하는 겁니다. 어미의 뱃속에 있을 때 사람의 유전자를 삽입해 돼지의 장기를 인간 장기와 유사하게 만드는 거예요. 그리고 균으로부터 완전히 격리된 시설에서 키우게 돼요.

자, 이렇게 하면 아무런 문제가 없는 걸까요? 무균실의 돼지들이 과연 무균 상태일까요? 겉이 아무리 깨끗하게 유지된다고 해도 장기 내부에 가지고 있을 바이러스를 어떻게 다 없앴다고 할 수 있을지 의문이에요. 돼지는 프로바이러스를 가지고 있어요. 프로바이러스란 돼지에게는 피해를 주지 않지만 인간에게 이식될 경우 인체에 해를 주는 다른 종류의 바이러스로 바뀔 가능성이 있는 잠재적 바이러스를 말합니다. 프로바이러스는 세포 1개당 20~30개씩 들어 있다고 해요. 이 때문에 일부 과학자들은 돼지 장기 표면 분자들이 변형되어 인간을 공격할 수 있다고 우려합니다. 그렇지 않다고 해도 장기를 이식받은 사람한테는 면역 억제제를 투여하기 때문에 이미 돼지 바이러스에 대한 방어 체계가 무너졌다고 볼 수 있어요.

무균 미니 돼지는 실험실에서 행복했을까요?

인간은 무균 미니 돼지로 건강을 되찾을 수 있을까요?

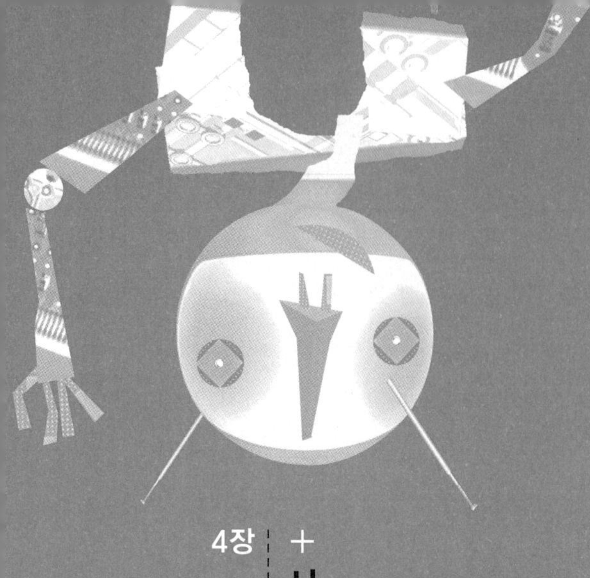

4장

사기꾼이 된 과학자와 혁명가가 된 과학자

: 과학자 연구 윤리

참을 수 없는 논문 조작의 유혹

한때 독일의 자존심으로 불리던 천재 물리학자가 있었어요. 그 과학자는 8일에 한 편꼴로 논문을 써내는 신기를 발휘했고, 그중 17편이 세계에서 가장 권위 있는 과학 잡지 〈네이처〉와 〈사이언스〉에 게재될 정도였지요. 평생 한 편이라도 실리는 것을 소원으로 여기는 과학자들이 많은데 무려 17편의 논문이 실렸으니, 독일인들이 자랑스러워할 만했지요.

이 천재 물리학자의 이름은 얀 헨드릭 쇤(Yan Hendrik Schön). 그는 1970년에 태어나 1997년 독일 콘스탄츠 대학에서 박사학위를 받았어요. 근면하고 명석한 학자로 평판이 자자했던 그는 2000년 12월 미국의 벨 연구소에 입사했어요. 그의 주된 연구 주제는 '얇은 유기 색소 분자층을 이용한 트랜지스터 제작'이었어요. 반도체를 만드는 주된 재료는 무기물인 실리콘이지만 쇤의 연구가 성공할 경우 탄소나 산소 같은 유기물로도 반도체를 만들 수 있게 돼요. 그러면 실리콘으로는 불가능한 아주 작은 크기의 분자 하나로 만들어진 유기물 트랜지스터를 만드는 것이 가능해지는 거예요. 제조 비용도 획기적으로 낮출 수 있고요.

30세 때 쇤은 노벨 물리학상 후보로까지 거론되었답니다. 그러나 그의 화려한 등장은 곧 막을 내리고 말았어요. 그의 논문이 조작된 것으로 밝혀지면서 한순간에 그는 촉망받는 과학자에서 사기꾼이 되고 만 거예요.

그의 사기극은 어떻게 발각되었을까요? 처음에는 그의 연구가 워낙 획기적인 것이었기 때문에 다른 과학자들은 관심을 갖고 지켜보았고 그의 연구를 재현해보려고 했어요. 하지만 실험은 번번이 실패했어요. 그러던 중 2002년 버클리 대학의 리디아 손(Lydia Sohn) 교수는 놀라운 사실을 발견했어요. 온도가 서로 다른 조건에서 실시한 두 가지 실험의 그래프가 배경 잡음(노이즈)조차 똑같았던 거예요.

이에 대해 쇤은 실수로 똑같은 그래프가 들어갔다고 해명했어요. 그러나 다른 논문에서도 동일한 그래프를 사용한 것이 드러났어요. 곧 그의 논문이 조작되었다는 의혹이 확산되기 시작했지요. 2002년 5월, 벨 연구소는 사건의 진실을 알기 위해 조사위원회를 구성했어요. 위원회는 쇤에게 연구 결과로 얻은 데이터 원본을 제출할 것을 요구했지요. 쇤은 참 궁색한 변명을 했어요. 하드디스크 용량이 모자라 자료들을 지워버렸으며, 실험 노트는 없어졌고, 실험 샘플들은 복원이 불가능한 상태로 훼손되었다고요.

아무튼 조사위원회의 최종 보고서에 따르면 쇤은 최소한 16개의 부정을 저질렀고, 한 가지 데이터를 여러 실험의 결과로 재사용했으며, 그래프 중 몇몇은 실제 데이터가 아닌 가공한 것으로 나타났어요. 쇤은 곧바로 벨 연구소에서 해임되었지요. 당시 쇤은 데이터를 조작한 사실은 인정하면서도 자신의 가설은 여전히 유효하며 몇 달 내에 그 가설을 현실화시킬 수 있는 원천 기술을 보유하고 있다고 주장했답니다. 하지만 아직까지도 영 소식이 없네요.

안타깝게도 우리나라에서도 비슷한 일이 일어났었답니다. 황우석 박사가 바로 그 주인공이지요. 2004년과 2005년, 황우석 박사 연구팀은 줄기세포 연구로 〈사이언스〉의 표지를 크게 장식하며 세계 과학계의 주목을 받았어요. 그러나 황우석 박사도 쇤처럼 동일한 사진을 다른 연구 결과에

황우석 박사의 논문이 소개되었던 〈사이언스〉 표지.

실은 것이 발견되면서 진실이 밝혀지기 시작했어요.

황우석 박사도 쏟아지는 의혹에 대해 쇤과 비슷한 해명을 했어요. "〈사이언스〉 논문에 중복된 사진은 실수로 보낸 것이다. 연구 기록 중 일부는 이사하면서 없어졌다. 곰팡이 때문에 모든 세포가 죽었다. 연구 자료가 바꿔치기 당했다"는 것이었어요. 그러면서 쇤처럼 원천 기술은 보유하고 있다고 말했는데 아직 감감무소식이지요.

과학의 세계는 그 어떤 세계보다 항상 진실만 통하고 거짓은 발 디딜 틈이 없을 것 같은데 조작이 이루어진다니, 너무나 놀라운 일이지요?

그런데 교과서에서 배우는 유명한 과학자들의 연구 결과도 약간씩 데이터가 조작되었다는 이야기가 있어요. 심지어 어떤 사람은 "과학 논문 조작은 과학의 발전을 위해서 어쩔 수 없는 일이다"라고 말하기도 하고요.

유전 법칙으로 유명한 멘델(Gregor Mendel)도 이러한 논쟁에서 자유롭지 않아요. 멘델은 오늘날 유전자라고 부르는 존재를 처음으로 알아낸 과학자예요. 하지만 연구 조작 논쟁이 있을 때마다 그의 이름이 거론돼요.

수도승이었던 멘델은 완두콩을 이용해 유전학 연구를 했어요. 당시에는 서로 다른 부모의 형질은 마치 딸기주스와 우유를 섞으면 분홍색 음료수가 되는 것처럼 부모의 형질이 적당하게 섞여 자식 세대에 유전이 된다고 생각했어요. 이것을 융합 유전설이라고 해요.

유전학의 아버지라고 불리는 멘델.

그런데 멘델의 생각은 달랐어요. 우성과 열성 형질이 있어서 그 형질이 자손들에게 전해질뿐더러 일정한 비율로 나타난다는 것을 발견했던 거예요. 즉 부모의 형질은 잡종 1세대에서는 하나의 형질만 나타나고 잡종 2세대에 이르면 우성과 열성 형질이 약 3 : 1의 비율로 나타난다는 것이었어요. 예컨대 둥근 완두콩과 주름진 완두콩 순종을 교배하면 잡종 1세대에서는 우성인 둥근 완두콩만 나타나고, 이 잡종인 둥근 완두콩을 자가 수분한 잡종 2세대에서는 둥근 완두콩과 주름진 완두콩이 약 3 : 1의 비율로 나타난다는 거지요. 그러니까 유전자는 액체처럼 섞여 나타나는 것이 아니라 2개의 유전형질이 생식세포가 나타나는 과정에서 혼합되지 않고 분리되어 나타난다고 멘델은 생각했어요. 이것이 멘델의 분리의 법칙이에요.

그러나 20세기에 들어 멘델의 연구를 면밀히 검토하던 학자들은 멘델의 3 : 1이라는 데이터가 지나치게 정확한 것을 이상하게 여겼어요. 명백한 조작이라는 의견도 있었고, 무의식적인 실수라는 의견도 있었어요. 1972년 〈호트사이언스(HortScience)〉에는 익명의 논평이 소개되었어요. 글의 제목은 '지구상의 완두콩'이에요.

태초에 멘델이 있었다. 그의 외로운 생각이 외롭게 여겨지더라. 그래서 그는 "완두콩이 있으라" 하셨다. 그러자 완두콩이 태어났고, 보기에 좋더라. 그리고 그는 완두콩을 밭에 심고 "늘어나고 증식하라. 형질이 나뉘고 스스로 구색을 맞추어 분류되어라"라고 완두콩에게 말하셨다. 그러자 완두콩이 그렇게 되었고, 보기에 좋더라. 이제 멘델은 그의 완두콩을 거둬들이게 되었고, 둥근 것과 주름진 것으로 나누었더라. 그리고 그는 둥근 것을 우성, 주름진 것을 열성이라고 불렀다. 그러자 부르기에 좋았더라. 그런데 멘델은 450개의 둥근 완두콩과 102개의 주름진 완두콩이 있다는 것을 아셨다. 그것은 보기에 좋지 않았더라. 법칙에 따르면 둥근 완두콩 3개에 주름진 완두콩 1개가 있어야 한다. 그래서 멘델은 혼자 이렇게 중얼거리셨다. "오, 하늘에 계신 하느님이시여! 적들이 이런 짓을 했습니다. 적이 밤의 어둠을 틈타 내 밭에 나쁜 완두콩을 뿌렸습니다." 그리고 멘델은 격노해서 탁자를 세게 내려치고는 이렇게 말씀하셨다. "너희 저주받고 사악한 완두콩이여, 나를 떠나라. 그래서 저 바깥의 어둠 속에서 게걸스러운 쥐와 생쥐에게 먹히라." 그러자 그대로 이루어졌고, 300개의 둥근 완두콩과 100개의 주름진 완두콩만이 남았더라. 그것은 보기에 좋았더라. 아주 아주 보기에 좋았더라. 그리고 멘델은 논문을 발표했더라.*

과학자의 두 얼굴

19세기 초는 많은 사람들이 기아에 허덕이던 시대였어요. 인구는 기하

* 윌리엄 브로드·니콜라스 웨이드, 《진실을 배반한 과학자들》, 미래M&B.

급수적으로 늘어나는 데 비해 식량은 점점 부족했지요. 그런데 독일의 하버(Fritz Haber)라는 과학자가 나타나 그 문제를 해결했어요. 그래서 그는 '공기로 빵을 만든 과학자'라는 칭송을 받았어요. 그가 어떻게 공기로 빵을 만들어냈는지 살펴볼까요?

식물이 잘 자라려면 탄소, 산소, 수소, 질소, 인이 필요해요. 탄소와 산소는 공기 중에서, 수소는 뿌리를 통해 흡수한 물에서 얻을 수 있어요. 하지만 질소와 인은 식물이 자연적으로 얻을 수 있는 양이 제한적이에요. 그래서 비료의 형태로 질소와 인을 보충해주어야 해요. 인은 인산염을 포함한 암석이 많기 때문에 그 암석을 가공해 얻은 비료로 보충할 수 있어요. 하지만 질소는 초석이라는 흔하지 않은 암석에서 얻거나 분뇨로 만든 퇴비에서 얻어야 하기 때문에 그 양이 제한적이에요. 당시 과학자들은 이 문제를 해결하기 위해 연구에 연구를 거듭하고 있었지요.

질소가 희귀한 원소일까요? 그렇지는 않아요. 질소는 공기의 약 80퍼

하버(가운데)와 아인슈타인(오른쪽).

센트를 차지할 정도로 풍부해요. 그러나 질소는 질소 원자 2개로 굳게 결합되어 있어서 식물이 이용할 수 있는 형태로 바꾸기가 쉽지 않았어요.

이 문제를 해결한 사람이 하버예요. 그가 높은 압력과 촉매를 이용한 암모니아 합성법을 개발하면서, 암모니아(질소와 수소의 화합물)의 생산이 가능해져 비료를 대량으로 만들게 되었답니다. 하버의 질소가 비료가 되어 인류를 굶주림에서 구한 것이지요. 이러한 공로를 인정받아 하버는 1918년에 노벨 화학상을 받게 돼요.

그런데 역사를 보면 과학은 두 가지 얼굴을 하고 있는 경우가 많아요. 하버의 암모니아도 그랬어요. 암모니아는 비료의 원료이기도 하지만 폭발물의 원료이기도 했던 거예요. 비료가 되어 인류를 굶주림에서 구하기도 했지만 폭탄이 되어 인류를 죽음으로 몰아넣기도 했던 거지요.

1차 세계대전 때였어요. 독일은 하버의 도움으로 질소로부터 질산을 만들어 폭탄의 원료로 사용하게 돼요. 하버는 여기에 그치지 않고 화학병기부의 책임자로 일하면서 염소를 독가스로 이용하는 방법을 개발했어요. 그가 만든 독가스는 1915년 4월 22일 이프르 전투에서 처음 사용되었어요. 1차 세계대전 때 독가스 때문에 죽은 사람이 1만 명, 후유증으로 고생한 사람이 100만 명이었다고 해요. 하버의 아내이자 화학자였던 클라라는 그에게 독가스 연구를 멈출 것을 간청하다 자살하고 말았답니다. 그래도 하버는 연구를 멈추지 않았어요.

오늘날 사람들은 하버를 가스전의 아버지라고 불러요. 전쟁 후 그는 전범으로 몰려 중립국 스위스로 피신을 가야 했지만 살상무기를 개발한 것을 전혀 후회하지 않았다고 해요. 1934년 하버는 유대인이라는 이유로 나치에 의해 쫓겨나 스위스의 한 호텔방에서 초라한 죽음을 맞았어요.

“자네도 들었나? 태평양에 있는 비키니 섬에서 수소폭탄 실험을 했다고 하더군. 원자폭탄에 이어서 수소폭탄까지. 이번 수소폭탄은 비키니 섬을 통째로 날려버릴 만한 위력을 가졌다네. 히로시마에 떨어졌던 원자폭탄의 750배나 되는 위력이지. 이런 폭탄을 함부로 터뜨려도 되는 걸까? 도대체 왜 그들은 멈출 줄 모르는 걸까? 과학은 때로는 엄청난 재앙이 될 수도 있는데 말야. 누구보다도 과학자들이 이 사실을 잊지 말아야 해. 그리고 그런 과학을 만들어낸 우리 연구자들이 나서서 제동을 걸어야 해. 나는 순수한 연구자가 되고 싶었네. 하지만 이제는 우리 과학자들끼리 모여서 성명서를 발표하고 심포지엄을 하는 것으로는 안 될 것 같네. 행동을 해야 해. 행동을.”

이렇게 용기 있는 발언을 한 사람은 미국의 물리 화학자이자 평화운동가인 라이너스 폴링(Linus Carl Pauling)이에요.

아인슈타인도 한 번밖에 타지 못한 노벨상을 라이너스 폴링은 두 번이나 수상했어요. 한 번은 화학상(1954)을, 또 한 번은 평화상(1962)을 받았지요.

폴링은 고등학교 화학 교과서에도 등장하는 유명한 과학자입니다. 그는 화학 결합의 이론을 정립하고 응용한 공로로 노벨 화학상을 탔어요. 원소들은 그 특징에 따라 전자를 가지려는 경향이 큰 것과 작은 것들이 있는데 이 차이 때문에 서로 결합하는 방식도 달라져요. 폴링은 복잡한 수학에 의존하지 않고 각 원소들 사이의 전자를 당기는 정도를 수치화했답니다. 이것을 폴링 척도에 의한 전기 음성도라고 불러요. 다른 물질들

폴링은 노벨 화학상을 받은 뛰어난 과학자였을 뿐만 아니라 핵실험, 핵무기 개발 등을 반대하는 데 앞장선 평화운동가이기도 했다.

이 서로 결합을 이루고 있을 때 전자 분포가 어느 원자 쪽에 편중되어 있을지를 짐작할 수 있는 가장 좋은 잣대가 되는 값이지요.

예를 들어 한쪽이 다른 한쪽에 비해 전기 음성도가 많이 크면 전자를 일방적으로 가져가게 되지요. 이런 결합 방식을 이온 결합이라고 해요. 소금이 그런 예라고 할 수 있어요. 나트륨(Na)과 염소(Cl)가 만나 소금(NaCl)이 될 경우 이런 결합을 하지요. 하지만 물은 산소와 수소의 전기 음성도의 차이가 크지 않아 결합하면서 전자를 서로 공유하게 돼요. 이런 결합을 공유 결합이라고 해요.

이런 연구 성과를 인정받아 폴링은 맨해튼 프로젝트의 참가를 제안받은 적이 있어요. 맨해튼 프로젝트는 1941년 미국이 극비리에 추진했던 핵폭탄 제조 프로젝트예요. 당시 연구 책임자였던 오펜하이머(Franz Oppenheimer) 박사는 폴링이 맨해튼 프로젝트의 화학 분야를 담당해주길 바랐지만 폴링은 거절했지요. 당시 이름 있는 과학자들 대부분이 그 프로젝트에 참여했어요. 그런 상황에서 폴링이 그처럼 소신 있는 선택을 할 수 있었던 것은 과학의 사회적 책임을 인식했기 때문일 거예요. 그 후 폴링은 아인슈타인 등이 주도하는 원자과학자 비상위원회 활동을 하면서 적극적으로 반핵운동에 뛰어들게 돼요.

폴링은 1957년 대기 중 핵실험 금지를 위한 서명 운동을 벌이기 시작했어요. 또 강연을 통해 핵실험의 위험성을 대중들에게 알렸고요. 그 성과로 1958년 미국인 2,000여 명을 포함해 49개국 11,000여 명의 과학자의 서명이 담긴 청원서를 유엔 사무총장에게 제출했어요. 그의 헌신적인 노력은 1963년 모스크바에서 '부분 핵실험 금지 조약'이라는 핵무기 규제에 관한 최초의 국제협정이란 결실로 맺어졌지요.

하지만 미국 정부는 폴링의 활동을 곱게 보지 않았어요. 국익을 침해한다고 생각했지요. 당시 미국은 소련과 군비 경쟁을 벌이고 있었어요. 경제도 군수산업에 크게 의존하고 있었고요. 그러니 폴링의 반전·반핵 평화운동이 부담스러울 수밖에 없었겠지요. 폴링은 노벨 평화상까지 받았지만 정작 자기 나라에서는 매국노와 공산주의자라는 비난을 받았답니다. 국무부에서는 폴링을 '용공주의자' 혹은 '사상이 의심스러운 반미분자'로 분류해 여권조차 발급해주지 않았다고 하네요.

하지만 폴링은 자유로운 영혼을 가진 과학자였어요. 탄압이 만만치 않았지만 자신이 옳다고 생각하는 일을 멈추지 않았어요. 참, 폴링 옆에는 항상 그의 든든한 지지자이자 평화운동가인 아내가 있었어요. "내가 힘들고 포기하고 싶을 때 나를 지탱해준 것은 나를 존경의 눈빛으로 바라보는 아내였다"라고 말할 정도였지요.

자, 이번에는 분자 생물학자 존 벡위드(Jon Beckwith) 교수의 기자회견장으로 가볼까요? 플래시가 여기저기서 터지고 기자들은 그의 말을 노트

분자 생물학자 존 벡위드 박사와 그의 아내.

에 받아 적느라 바쁘네요.

"〈타임 뉴욕〉의 마이클 조던입니다. 그러니까 교수님의 말씀은 이번 연구의 성과가 의미 없다는 겁니까?"

"그렇지는 않습니다. 제 이야기를 오해하시면 곤란합니다. 저희 연구소는 생물학의 역사에서 대단히 진일보한 업적을 남겼다고 평가합니다."

"〈데일리 유나이티드〉의 헤리슨 클리브랜드입니다. 그런데 왜 이번 연구가 확대되는 것에 대해서는 우려를 표명하는지 궁금합니다. 혹시 연구에 어떤 결함이 있는 건 아닙니까?"

연구의 결함이라는 말이 나오자 여기저기서 웅성거리는 소리가 높아집니다.

1969년, 벡위드와 그의 동료들은 자신들이 개발한 박테리아에서 유전자를 분리해내는 데 성공했어요. 과학사에서 최초의 일이었지요. 이 연구가 확대되면 박테리아 이외의 유기체에서도 유전자를 분리할 수 있게 되고, 그러면 인간 유전자에 대한 연구가 시작될 날도 머지않았다는 얘기였어요. 유전자 연구는 난치병을 치료하는 데 크게 기여하겠지만, '유전자 차별'이라는 심각한 사회적 문제가 생길 수도 있어요. 성 차별, 인종 차별 하듯이 말이에요. 유전자 정보를 악용해 취업에서 탈락시키거나 보험 가입에 제한을 받는 등 유전자를 통해 개인이 통제되고 차별을 받을 수도 있기 때문입니다. 벡위드 교수는 바로 그 점, 유전자 연구 기술이 악용될 가능성을 경고하기 위해 기자회견을 마련한 것이었어요.

"연구 자체의 결함이라……. 충분히 있을 수 있겠지요. 그것은 후속 연구를 통해 자연스럽게 밝혀낼 부분입니다. 이해하기 힘들겠지만 저와 동료들이 기자회견을 마련한 것은 우리 과학자들의 실험실을 대중들에게 열어 보일 의무가 있다고 판단했기 때문입니다. 실험실의 연구 결과는 과학자들의 삶에만 영향을 미치는 것이 아닙니다. 닫힌 실험실의 연구는 대중들의 요구와 가치를 무시한 채 그들의 삶을 좌지우지할 수도 있습니다. 하지만 대중들은 자신의 삶에 영향을 미치는 부분에 대해 스스로 결정할 권리가 있습니다. 대중들도 저와 동료들의 연구가 자신들에게 미칠 영향을 알아야 하고 연구가 나아갈 방향을 판단할 수 있어야 합니다."

다음날 일간지에는 이런 기사들이 실렸답니다.

'유전의 핵심이 최초로 분리되다.'_〈보스턴 글로브〉

'과학자들 유전자를 분리하다, 유전 제어를 향한 진일보.'_〈뉴욕 타임스〉

'질병 치료를 향한 인류의 새로운 희망.'_〈런던 타임스〉

'하버드 팀 처음으로 유전자를 분리하다.'_〈워싱턴 포스트〉

벡위드의 연구성과 자체를 극찬하는 기사도 있었지만, 벡위드가 원했던 대로 유전자 관련 연구에 대한 대중들의 경각심을 일으키는 기사들도 줄을 이었습니다.

'유전적 발견의 사악한 이용을 우려하다.'_〈보스턴 글로브〉

'생물학의 불을 가지고 놀다.'_〈뉴욕 타임스〉

'유전자에 드리운 불길한 전조.'_〈런던 타임스〉

'분리된 유전자—과연 선인가 악인가?'_〈선데이 뉴욕 타임스〉

'과학자들, 바이러스로 박테리아에서 순수한 유전자를 분리하다—시험

과학자의 무한한 창의력과
끈기 있는 탐구능력에
올바른 방향타를 쥐어주는 것은
과연 누구의 몫일까?
그렇다고……
과학이 어떤 얼굴을 하느냐가
과학자의 손에만 달려 있는 것
은 아닐텐데.

관 인간 우려되다.'_〈로스앤젤레스 타임스〉

'최초의 순수한 유전자—사악한 지니?'_〈메디컬 월드 뉴스〉

벡위드는 재즈를 사랑하고, 사람들을 사랑하고, 창의적인 과학을 사랑한 사람이었습니다. 1950~60년대 미국의 정치적 시대 상황 속에서 동성애자나 흑인들과 같은 소수자의 입장을 이해하게 되었던 벡위드는 저항적인 음악과 각종 모임, 진보적인 의식을 가진 친구들을 통해 과학의 사회적 책임을 강조하며 실천하는 과학자로 거듭나게 되었습니다. 벡위드가 기자회견을 하게 된 것도, 원자폭탄 개발의 총 책임자였지만 이후 적극적인 원자폭탄개발 반대론자가 되었던 오펜하이머의 영향이었다고 해요.

어쨌든 백위드는 용기 있는, 행동하는 과학자라고 할 수 있어요. 그는 1960년대 초에 쿠바 미사일 사태가 일어나자 미국 정부의 호전적인 태도에 항의하는 시위를 벌였고, 핵무기를 반대하는 시위에 참여했으며, 파리에서 연구원으로 일할 때는 미국 대사관을 방문해 미국의 베트남 전쟁 개입에 항의했다고 해요. 또 인종차별에 반대하여 하버드 의과 대학에서 보기 힘들었던 흑인 학생들의 입학을 확대하는 데 기여했습니다. 또 미국 미생물학회(American Society for Microbiology, ASM)로부터 받은 엘리 릴리 상(Eli Lilly Award)의 수상 상금을 흑인 인권운동단체인 흑표범당에 전액 기부하기도 했습니다. 이것들이 사회적 이슈에 대한 시민으로서의 행동이었다면, 1969년의 기자회견은 과학의 사회적 책임에 대해 깊이 고민하고 행동하는 과학자의 모습이라고 할 수 있어요.

또 그는 XYY 염색체를 지닌 남성이 범죄를 저지를 확률이 높다는 우생학과 생물학적 범죄 이론 등을 비판했어요. 생물학이 인간의 모든 행동을 결정한다는 생물학적 결정론이 과학과 사회를 잘못된 길로 이끌 것이라고 경고하며 사회생물학의 문제점을 알리는 데 힘을 쏟았어요. 1989년 인간 게놈 프로젝트가 시작되자 그는 유전자 검사가 차별이나 프라이버시 침해 문제 등을 일으킬 수 있다고 경고했답니다.

훌륭한 과학자의 모습은 어떤 것일까요? 높다란 하얀 벽, 굳게 닫힌 실험실 문 안에서 엉덩이에 종기가 날 때까지 눌러앉아 연구만 하는 과학자? 아니면…….

5장

별이의 아톰 열차 999

: 원자력 에너지

아톰 열차 999호

별이는 학교에 가기 위해 기차를 기다리다가 문득 이런 생각을 했다.

'기차는 나의 걸음 속도와는 비교도 안 되는 빠른 시간 내에 내가 원하는 곳에 척척 데려다주는데, 과학이 더 발전하면 공간 이동도 가능하지 않을까?'

오늘따라 기차는 소리도 없이 역으로 들어왔다. 정차할 때도 유령처럼 조용히 멈추더니 문이 스르륵 열렸다. 내리는 사람이 아무도 없었다. 별이는 조심스럽게 주위를 둘러본 뒤 열차를 탔다. 열차 안으로 발을 딛는 순간, 별이는 눈이 휘둥그레졌다. 그 열차는 아톰 열차 999, 원자력의 모든 것이 담긴 열차였다.

열차 안은 시끌시끌했다. 사람들이 웃고 떠들며 잔치를 벌이고 있었다. 열차 안에 길게 놓인 식탁 위에는 군침이 도는 요리들이 잔뜩 차려져 있었다. 별이는 싱싱한 사과 하나를 집었다. 이때 점잖게 차를 마시던 아주머니가 말을 걸었다.

"꼬마야, 잠깐만. 넌 열차를 잘못 탄 것 같은데, 너 혹시 살아 있지 않니? 이 열차는 살아 있는 생물은 탈 수 없어."

"네, 생물이요? 저야 당연히 살아 있죠. 아줌마도 살아 있잖아요."

그때 갑자기 열차 밖이 소란스러웠다. 밖을 보니 기관사 아저씨가 웬 돌덩이랑 실랑이를 벌이고 있었다. 돌덩이도 열차를 타겠다고 떼를 쓰고 있는 것 같았다. 기관사는 귀찮은 듯이 말했다.

"아, 글쎄 안 된다니까. 지금 이 열차에는 특별한 손님이 타고 있어! 다음 열차를 타도록 해."

하지만 돌덩이는 물러서지 않았다.

"아저씨, 제발요. 나 많이 가라앉았어요. 만 년도 넘게 기다렸다고요."

호기심 많은 별이는 너무나 궁금해 도저히 참을 수 없었다.

"기관사 아저씨, 저 말하는 돌덩이는 뭐예요?"

기관사 아저씨가 머뭇거리는 사이 돌덩이가 열차 안으로 잽싸게 발을 들이밀었다.

"하하, 고마워요, 아저씨."

돌덩이는 명랑하게 인사를 하고 아주머니 옆에 앉았다. 하지만 아주머니는 새로운 승객이 맘에 들지 않은 눈치였다.

"엥? 분열족이군. 인간을 비롯한 생물들은 저런 불안정한 것들을 가까이하지 않는 것이 좋아."

그러자 돌덩이가 말했다.

"에, 퀴리 아줌마, 이러시면 섭섭하죠. 우리 종족들을 인간 세계에 소개한 대표적인 인물이 바로 아줌마였다고요. 게다가 우리 종족들은 이제 인간 세계에서 제법 융숭한 대접을 받고 있어요. 저 음식들이 싱싱함을 오래 유지하는 비결도 다 내가 힘을 쓴 덕분이잖아요!"

"네? 퀴리 아줌마요? 아줌마가 그 유명한 퀴리 부인이세요? 하지만 퀴리 부인은 돌아가셨잖아요."

별이는 퀴리 부인이라는 말에 깜짝 놀랐다.

"그럼! 이분이 바로 나 같은 방사성 원소를 발견하신 퀴리 부인이야. 오, 저기 있는 바나나는 요번에 새로 들어온 거군! 저를 열차에 태워준

보답도 할 겸 제 능력을 아낌없이 보여드리죠! 한 100년 동안은 썩지도 않고 무르지도 않게 해드릴게요. 하하핫!"

분열족은 오랜만에 열차를 타서 신이 난 모양이었다. 이곳저곳을 돌아다니며 쉴 새 없이 자기 자랑을 늘어놓았다. 그러다 별이에게 말을 건넸다.

"아, 맞아. 얼마 전에 내 동료 중 하나가 악성 종양, 그러니까 암에 걸린 네 삼촌을 말끔하게 낫게 해주었다고 자랑하던데……. 하하, 뭐 그 정도는 일도 아니지만 말이야."

"어떻게 그걸……?"

"내 입으로 말하기는 쑥스럽지만, 정말 대단한 일이지. 우리의 위대한 능력 때문 아니겠어? 무식하게 칼을 들이대지 않아도 깨끗이 치료할 수 있다고. 우리 덕분에 목숨 건진 사람도 많지."

별이가 놀라는 모습을 보자 분열족은 더 신이 나서 말을 이어갔다.

"원자력을 이용한 효율적인 경제 발전! 얼마나 멋진 말이냔 말이야. 학교에서 그런 건 안 가르쳐주나? 하긴, 아직 어려서 모를 수도 있겠군. 잘 들어봐. 학생이 생활하는 모든 것이 에너지야. 집에 들어오는 전기로 컴퓨터도 하고, 텔레비전도 보고, 음악도 듣고, 밥도 해 먹지. 차가운 물에 에너지를 가해야 물을 끓일 수 있고, 물을 끓여야 라면을 먹을 수 있지 않니? 학교 갈 때 타는 차나 열차도 마찬가지야. 자동차와 열차를 움직이는 힘이 어디에서 왔는지 잘 생각해보렴. 지금까지 사람들은 에너지를 얻기 위해 석유와 석탄 등을 사용해왔어. 혹시 자동차 매연 냄새 맡아봤나? 그것 참 안 좋은 냄새를 풍기던데……. 요즘은 그게 대기를 오염시키고 지구 온난화를 일으킨다고 하더군. 그리고 내가 알기로는 석유나 석탄 녀석들도 얼마 안 가 없어질 거야. 이제 바야흐로 우리 분열족의 힘을 이용

아톰 열차는 지금도 질주를 계속 하고 있다.
과연 이 열차의 종착역은 어디가 될 것인가?
그리고 그 종착역에서 인류는 어떤 모습을 하고 있을 것인가?

한 원자력의 르네상스라고.”

분열족은 자랑스럽게 떠벌렸다. 퀴리 부인은 여전히 못마땅해하는 표정이었다.

“흥, 정말 시끄럽군. 그건 그렇고, 네가 손댄 이 음식물들이 인간의 몸에 들어가서 조금이라도 나쁜 영향을 끼친다면 어떻게 할 거야? 몸 밖에 묻은 흙은 털어버리면 되지만 몸 안에 들어온 녀석은 곤란하다고. 몸 밖으로 배출이 안 되는 것도 있고. 만약 생식세포의 유전자를 잘못 건드리게 되면, 자손 대대로 돌연변이가 전해질 수도 있어. 그것들은 보이지도 않고 냄새도 없고 소리나 맛도 느낄 수 없기 때문에 사람들이 감지할 수가 없잖니. 내가 방사능 오염으로 백혈병에 걸린 걸 생각하면…….”

분열족과 퀴리 부인의 티격태격 말다툼이 끝도 없이 이어지고 있었다. 별이는 슬쩍 자리를 피해 다음 칸으로 갔다.

옆 객차의 문을 여니 두 사람이 사뭇 진지하게 대화를 나누고 있었다.

“나, 다카시는 2차 세계대전 때 히로시마에 떨어진 핵폭탄의 피해자입니다. 그때 저는 두 아이의 아버지였어요. 1945년 8월 6일, 저는 아침 일찍 집을 나서 인근 히로시마에 볼일을 보러 갔었습니다. 전쟁은 한창이었지만 히로시마는 평화로웠어요. 사람들은 다들 직장으로 출근을 하고 거리는 사람들로 붐볐죠. 그런데 갑자기 그 일이 생긴 거예요. 정신을 차리고 보니 온몸이 화상이었어요. 주변에는 연기가 자욱하고 건물이 있던 자리에는 돌무더기만 쌓여 있었습니다. 나중에 알았지요. 핵폭탄이 터졌다는 것을. 어렵게 집으로 돌아와 아이들을 만날 수 있었지만 제 몸은 이미 방사능에 노출되어 회복할 수 없는 상태였어요. 사랑하는 아이들과 함께 살 수 있는 날이 얼마 남지 않았다는 것을 알았어요. 오펜하이머 씨, 당신은 폭탄을 만들어낸 과학자들의 우두머리였죠. 물론 모든 게 당신 책임이라고 생각하지는 않아요. 전쟁이 어느 한 사람만의 잘못은 아닐 테니까요. 하지만 보세요, 원자폭탄을 만들어낸 결과를. 손에 총을 들지도 않았던 민간인들이 처참하게 죽었고, 지금도 사람들은 핵전쟁에 대한 두려움 속에서 살고 있어요."

오펜하이머 씨가 어두운 표정으로 입을 열었다.

"맨해튼 프로젝트……. 2차 세계대전 당시 세계 평화를 지키기 위해 독일보다 먼저 원자폭탄을 만들어내려는 거대한 프로젝트였죠. 우리 과학자들은 전쟁이 하루빨리 끝나길 바라는 마음에서 원자폭탄을 개발했어요. 그 프로젝트에 들어간 돈과 시간, 노력은 정말 엄청났어요. 그 때문에라도 새로운 무기의 효과를 입증해보고 싶었던 게 사실이죠. 물론 저도 고민을 많이 했어요. 원자폭탄의 위력을 짐작하고 있던 정부, 군대, 과학자들은 많은 논쟁을 벌였어요. 어쨌든 원자폭탄을 적진에 투하하기로 결정됐어요. 우리는 더 많은 사람들이 다치거나 죽기 전에 전쟁을 끝내고 싶었어요."

다카시 씨는 아까보다 한층 더 슬픈 눈을 하고 말을 이었다.

"전쟁을 빨리 끝낸다고요? 지금 세계 각 나라는 너도나도 핵무기를 비축하거나 확산하고 있어요. 당신들의 핵폭탄 덕에 전 세계가 전쟁 대기 상태가 되어버렸단 말입니다."

별이는 갑자기 머릿속이 하얘지면서 어지러움이 몰려왔다. 너무 많은 것을 알아버려서일까? 잠시 몸을 기대었다고 생각했는데, 퀴리 부인, 분열족, 다카시 씨, 오펜하이머 씨의 얼굴이 점점 멀어진다. 놀란 다카시 씨가 별이를 흔들어 깨운다. 겨우 눈을 떠보니, 학교로 가는 열차 안이다. 옆자리에 앉은 아저씨가 열심히 신문을 읽고 있었는데, 북한에서 핵실험을 했다는 기사가 눈에 들어온다.

핵을 해부해보자

별이가 신기한 꿈을 꾸었네요. 20세기 핵물리학은 빠르게 발전했어요. 핵물리학이란 원자는 어떻게 구성되는지, 핵은 무엇인지, 무엇이 원소를 원소답게 만들어주는지를 연구하는 학문이에요.

원소, 원자라는 말을 들으면 괜히 어렵게 느껴지는데 사실 별것 아니에요. "사과는 맛있어, 맛있으면 바나나, 바나나는 길어, 길면 기차, 기차는 빨라……"와 같이 끝없이 이어지는 인간의 호기심이 밝혀낸 멋진 결과물 중 하나예요. 어느 날 누군가가 빵을 먹다가 생각했을 거예요.

Q. 빵은 무엇으로 만들어질까?

A. 밀가루와 달걀, 설탕, 베이킹파우더, 버터 등으로 만들어.

Q. 그럼 밀가루는 뭘로 만들어질까?

A. 글루텐이라는 단백질과 덱스트린, 셀룰로오스와 같은 탄수화물로 만들어지지.

Q. 그럼 글루텐이라는 단백질은 무엇으로 이루어져 있을까?

A. 글루테닌과 글리아딘 분자로.

이렇게 물질을 계속 쪼개고 쪼개다 보면 더 이상 쪼갤 수 없는 입자가 나오겠죠? 그 입자를 원자라고 해요. 그리고 같은 성질을 갖는 원자들을 통틀어 원소라고 불러요. 원자는 핵과 핵 주위의 전자들로 구성되고, 핵은 양성자와 중성자의 집합체로 이루어졌어요. 원자를 결정하는 것은 핵을 이루고 있는 양성자의 개수예요. 즉 원자가 같다는 말은 핵 안에 들어 있는 양성자의 수가 같다는 뜻이에요.

한편 과학자들은 양성자 수는 같지만 중성자 수는 다른 원자를 발견했는데, '동위원소'라고 이름 붙였어요. 중성자는 핵이 안정적으로 있을 수 있게 해주는 역할을 해요. 예를 들어 중성자의 수가 부족하면 핵이 불안정해지면서 스스로 방사선을 내고 깨져버려요.

이때 내뿜는 방사선은 그 힘의 세기에 따라 세 종류로 나눌 수 있어요. 알파(α), 베타(β), 감마(γ)선이에요. 알파선은 공기 중으로 수 센티미터밖에 나가지 못해요. 사람의 피부나 얇은 종이, 고체 물질에 부딪히면 완전히 차단되고 말지요. 베타선은 공기 중에서 수 미터 정도 나가고 손이나 얇은 금속 막을 투과할 수 있어요. 감마선은 투과력이 더 강해 수십 센티미터 두께의 콘크리트도 통과할 수 있어요.

이렇듯 방사선을 내며 핵이 깨지는 것을 붕괴라 하는데, 붕괴된 핵들은 다른 원소의 핵종으로 바뀌게 되지요. 붕괴되는 속도도 모두 달라서 불안정한 것들은 빠르게 붕괴되는 반면, 비교적 안정적인 핵종은 느리게 붕괴돼요. 예를 들어 빛이 핵의 지름만큼의 거리를 지나가는 데 걸리는 시간인 약 10^{-23}초 만에 붕괴되는 핵이 있는가 하면 우주 나이의 약 10^{10}배에 해당할 만큼 긴 약 10^{28}초 동안 존재할 수 있는 핵도 있어요. 불안정하여 붕괴되는 핵종들은 모두 고유한 수명을 가지고 있지요.

핵물리학은 이런 원자들의 성질을 연구하면서 시작됐어요. 과학자들은 우라늄에서 신기한 현상을 발견했어요. 우라늄 안에 있는 총 235개의 양성자와 중성자는 서로 핵력이라는 강한 힘에 의해 붙어 있는데 만약 외부에서 중성자를 주입해 이들과 충돌시키면 핵은 몹시 불안정한 상태가 되어 마치 물방울처럼 춤추게 돼요. 그러다가 핵입자가 2개로 나뉘게 되지요.

처음에 과학자들은 핵이 2개로 나뉘는 모습을 보고 믿기 어려워했어

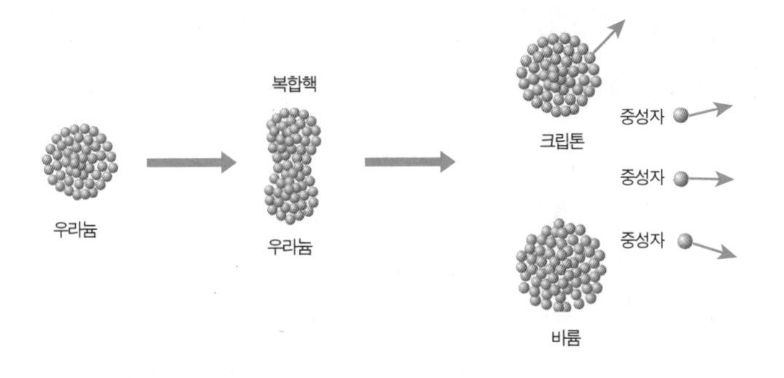

우라늄 원자가 외부로부터 중성자를 흡수하면 바륨과 크립톤으로 나눠지면서 2~3개의 중성자를 방출한다.

요. 핵은 단단한 입자인 줄로만 알았는데, 중성자와 충돌하자 물방울처럼 출렁거리더니 마치 세포가 분열하듯 2개로 갈라지는 것을 보고 깜짝 놀랐던 거지요. 이 현상을 처음 관찰한 과학자는 독일의 오토 한(Otto Han)과 프리츠 스트라스만(Fritz Strassman)이었어요. 그게 1938년의 일이에요.

과학자들은 핵분열이 연속으로 줄줄이 일어날 수 있다는 것도 알아냈어요. 우라늄 원자핵이 2개로 갈라지면 약 200메가볼트의 에너지를 갖는 중성자가 2~3개 정도 튕겨 나온다는 사실도 알게 되었죠. 과자를 쪼갤 때 부스러기가 떨어져 나오는 것처럼요.

핵분열 시 중성자는 1초당 약 2만 킬로미터의 속도로 움직일 수 있는 에너지를 함께 가지고 나온다고 해요. 이렇게 방출된 중성자들은 또 다른 우라늄 $^{235}_{92}U$과 충돌해서 다시 핵분열 반응을 일으키고, 거기서 에너지가 나오고…… 이러한 반응이 계속 일어나요. 방사성 원소인 플루토늄 1~3킬로그램만 있어도 핵분열 반응을 이용하면 도시 하나를 파괴할 수 있는 원자폭탄을 만들 수 있어요.

핵폭탄이 터지는 원리나 원자력 발전소에서 전기를 만들어내는 원리는 같아요. 핵폭탄이 한꺼번에 많은 핵분열을 일으켜 폭발적인 에너지를 내는 것이라면, 원자력 발전은 제어봉을 이용해 속도를 낮춰서 천천히 에너지를 얻는 게 다를 뿐이에요. 그렇게 얻은 열로 물을 끓여 증기를 만들고, 모터를 돌려 전기 에너지로 변환시키는 거지요.

핵폭탄 탄생의 비화

그렇다면 핵폭탄은 어떻게 탄생하게 되었을까요? 20세기 초, 독일에서는 핵물리와 핵분열에 관한 연구가 활발했다고 해요. 이때만 해도 과학자들은 순수한 학문적 호기심, 탐구에 대한 열정을 가지고 연구를 했어요. 카페에 모여 앉아 원자 구조에 대해 열띤 토론을 벌이는 과학자들의 모습을 상상해보세요. 그런데 나치가 정권을 잡으면서 독일에는 점점 전쟁의 기운이 감지돼요. 그래서 많은 과학자들, 특히 유대인 과학자들은 미국이나 영국, 스웨덴 등으로 망명했어요.

결국 핵분열의 원리가 밝혀진 지 얼마 안 돼 2차 세계대전이 일어나고 말았지요. 그러자 물리학자들은 마음이 조급해졌어요. 엄청난 파괴력을 가진 핵폭탄이 혹시라도 독재자 히틀러 손에 먼저 들어간다면 위험하다고 생각했지요. 아인슈타인, 페르미, 실라드와 같은 과학자들은 미국의 프랭클린 루스벨트 대통령에게 편지를 썼어요. "미국이 독일보다 먼저 핵폭탄을 만들어야 한다"는 내용이었지요. 그 후 미국은 본격적으로 핵폭탄을 만들기 위한 맨해튼 프로젝트를 추진하게 돼요.

과학자들의 이러한 행동은 과연 옳았을까요? 지금도 사람들의 의견은 분분해요. 그런데 2차 세계대전이 끝난 후 뜻밖의 사실이 밝혀졌어요. 독일은 핵무기를 만들 만한 기술력이 없었다는 사실이었어요. 처음에 과학자들의 의도는 먼저 핵폭탄을 만들어 히틀러의 전쟁 의지를 멈추게 하려는 것이었지만 결과적으로 무시무시한 핵폭탄이 세상에 등장한 계기가 된 셈입니다.

원자로 안에서는 무슨 일이 일어나고 있을까?

2차 세계대전이 끝난 후 사람들은 핵에너지를 평화적으로 이용할 방법을 찾았는데, 그중 하나가 원자력 발전소의 등장이에요. 여기서 잠깐! 원자력 발전소의 원자로 안에서는 무슨 일이 일어나는 걸까요?

원자력 발전의 연료인 우라늄은 보통 암석에 섞여 있어요. 암석에서 우라늄을 추출하기 위해 암석을 잘게 부수고 골라내어 사이다 같은 탄산 용액에 담갔다가 다시 건져 잘 말립니다. 그러면 노란색이 되는데, 이 때문에 사람들은 이 단계의 우라늄을 옐로 케이크라고 불러요. 하지만 우라늄이라고 다 원자력 발전의 연료가 되는 건 아니에요.

우라늄에는 우라늄 235, 우라늄 238, 두 가지 종류가 있어요. 일반적인 원자로 안에서 핵분열을 일으키는 건 우라늄 235이고요. 천연 우라늄 광석 속에 우라늄 238은 아주 많지만 우라늄 235는 약 0.7퍼센트밖에 없어요. 그래서 우라늄 235의 비율을 높이기 위해 농축 과정을 거치는데, 이 과정이 참 복잡해요. 우라늄 235와 238은 거의 성질이 같은 일란성 쌍둥

1939년 여름, 아인슈타인(왼쪽)은 미국 뉴욕 주 롱아일랜드에서 한가롭게 휴가를 즐기고 있었다. 그때 나치스에 쫓겨 뉴욕에 머물고 있던 헝가리 출신의 물리학자 레오 실라드(오른쪽)가 그를 찾아왔다. 실라드는 아인슈타인에게 미국의 루스벨트 대통령에게 독일보다 먼저 핵폭탄을 개발해달라는 편지를 써줄 것을 부탁했다. 처음에 아인슈타인은 선뜻 협조하고 싶지 않았다. 그는 전쟁이 싫었고, 더구나 자신이 휘말리는 것은 더욱 싫었다. 그렇지만 실라드의 집요한 설득으로 아인슈타인은 1939년 8월 2일 루스벨트 대통령에게 편지를 썼다. 실라드가 염려했던 2차 세계대전은 그해 9월 1일 일어났으며, 아인슈타인의 편지는 10월 11일 루스벨트 대통령에게 전달됐다. 이렇듯 맨해튼 프로젝트의 발상자였던 그들은 그 후 원자폭탄 투하에는 반대했고, 평화주의자로 활동했다.

'리틀보이(little boy : 홀쭉이)' 는 히로시마에, '팻맨(fat man : 뚱뚱이)' 은 나가사키에 투하된 핵폭탄이다. 당시 과학자들 사이에 리틀보이는 루스벨트를, 팻맨은 처칠을 일컫는 말로도 사용되었다.

Auffassung der Naturalgewinne wird im Prinzip durch Monopolisierung nicht aufgehoben. Durch solche Mauern können wir nur zu einer gewissen Selbsttäuschung gelangen; aber unsere moralischen Beziehungen werden durch sie nicht gefördert. Eher das Gegenteil.
Nachdem ich Ihnen nun ganz offen unsere intellektuellen Differenzen in den Überzeugungen ausgesprochen habe, ist es mir doch klar, dass wir uns im Wesentlichen ganz nahe stehen, nämlich in den Bewertungen menschlichen Verhaltens. Das Trennende ist nur intellektuelles Beiwerk oder die „Rationalisierung" in Freud'scher Sprache. Deshalb denke ich, dass wir uns recht wohl verstehen würden, wenn wir uns über konkrete Dinge unterhielten.
Mit freundlichem Dank und besten Wünschen
Ihr A. Einstein

아인슈타인이 미국의 대통령에게 보낸 편지.

이 같은 존재인데 235가 238보다 중성자 수가 3개 적은 차이가 있어요. 과학자들은 바로 이 미세한 차이를 이용합니다. 먼저 우라늄 235와 우라늄 238을 기체 상태로 만들어 아주 작은 구멍이 무수히 뚫린 판을 통과시켜요. 그러면 좀 더 가벼운 우라늄 235가 판을 더 잘 통과해요. 처음에는 238도 많이 섞여 들어가기 때문에 이 과정을 여러 번 반복해요. 그러고 나면 우라늄 235가 어느 정도 모이게 되지요. 우리나라에서는 대부분 3.2퍼센트 정도 농축된 우라늄 235를 이용해요. 고작 3.2퍼센트냐고요? 물론 90퍼센트로 농축되는 우라늄 235도 있어요. 그것들은 역할이 달라요. 폭탄이 될 거니까요. 전력을 생산하는 임무를 맡은 우라늄은 3.2퍼센트면 충분해요.

농축 공장에서 만들어진 농축 우라늄은 담배 필터 모양의 펠렛으로 만들어요. 그런 다음 특수 합금으로 만든 가느다란 튜브에 수백 개의 우라늄 펠렛을 집어넣는데, 이것을 연료봉이라 불러요. 이 연료봉을 여러 개씩 묶어서 다발로 만들면 어느 정도 모양새를 갖추게 돼요. 번쩍이는 갑옷을 입은 긴 기둥들이 줄줄이……. 하지만 이건 준비 운동 단계일 뿐이에요. 본격적으로 열을 만들어내야 하거든요. 이제 우라늄은 역사적 사명을 띠고 감속재와 함께 원자로에 들어갑니다. 감속재가 뭐냐고요? 감속재와 제어봉을 같은 것으로 생각하기 쉬운데, 쓰임새가 달라요. 감속재는 분열이 잘 일어나게 하기 위한 것이고, 제어봉은 분열 속도를 천천히 조절하기 위한 거예요.

잘 알다시피 우라늄은 중성자를 흡수하면 분열이 일어나요. 그리고 분열 과정에서 2~3개의 중성자가 나와요. 그 중성자들은 다시 옆의 우라늄 235의 2~3개의 원자핵을 분열시키고요. 마치 도미노가 쓰러지는 것과 같아요. 그런데 핵분열 과정에서 튀어 나오는 중성자는 속도가 무척 빨라요. 이렇게 빠른 중성자는 우라늄 235에 잘 흡수되지 못해요. 저희들끼리 이리저리 튕겨 다니다가 사라져버리거든요. 그래서 중성자의 속도를 늦추는 감속재를 넣어야 우라늄을 잘 분열시킬 수 있어요.

속도가 느린 중성자를 만들었다고 모든 문제가 해결되는 것은 아니에요. 만약 우라늄 원자 하나가 쪼개지면서 2개의 중성자가 튀어나온다고 하면, 그 2개의 중성자가 다른 우라늄 2개를 분열시키게 되고, 그러면 거기에서 다시 2개의 중성자가 튀어나오고……. 2, 4, 8, 16, 32……, 중성자가 급격하게 늘어나게 되어서 위험해져요. 그래서 중성자를 적당히 없애주어야 해요. 이때 중성자를 흡수하도록 카드뮴이나 붕소로 만들어진 제어봉을 원자로에 넣어 적절하게 중성자 수를 조절해요. 결국 원자력 발전에서 가장 중요한 것은 우라늄의 분열이 아니라 그 속도를 어떻게 제어하느냐는 거예요.

생활 속 행복 에너지 원자력을 만나셨군요!

원자력을 우리 생활에 이용하는 방법은 크게 두 가지가 있어요. 하나는 핵분열 에너지를 이용하는 원자력 발전이고, 다른 하나는 방사성 물질에서 나오는 방사선을 이용하는 거예요.

우리나라는 전기 에너지 사용량이 세계 10위 안에 들어요. 원자력 발전이 전기 사용량의 40퍼센트를 담당하고 있고요. 원자력 발전소가 잠시라도 돌아가지 않으면 나라가 정상적으로 돌아갈 수 없을 정도예요. 우리

나라 원자력 발전소에서 만들어내는 전기의 양은 세계 6위예요. 우리나라는 천연자원이 부족하다 보니 원자력 발전에 크게 의존하는 편이에요. 아무래도 원자력 에너지의 효율이 기존 화석연료에 비해 매우 높기 때문이죠. 우라늄 1그램만 사용해도 석탄 3톤이나 석유 9드럼통만큼의 에너지를 낼 수 있거든요.

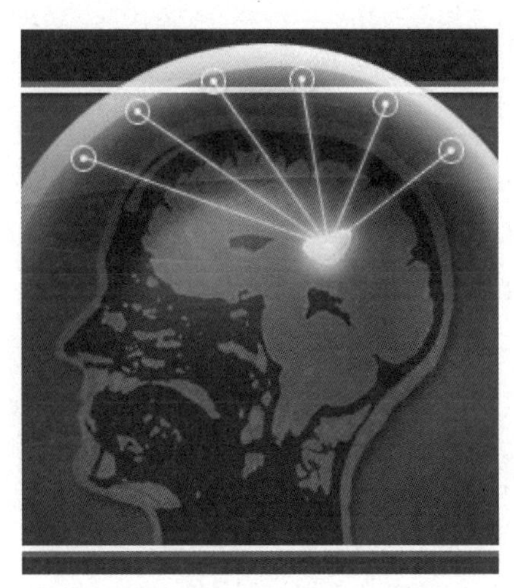

투과력이 강해 공항 검색대에서 이용되는 감마선은 암치료 장비로 쓰이기도 한다. 감마선 칼 수술은 감마선을 마치 칼처럼 써서 머릿속 종양 부위에 쬐어 암세포를 파괴하는 수술이다. 암세포는 감마선에 민감해 정상세포보다 더 빨리 파괴된다. 두개골을 열지 않아도, 피를 흘리지 않아도 되는 장점이 있어 뇌혈관 질환, 파킨슨병을 치료하는 데에도 쓰인다.

또한 방사선은 병원, 공장, 식품 가공 등에 이용되기도 해요. 드라마 속 주인공들이 암에 걸려서 방사선 치료를 받는 장면을 본 적이 있을 거예요. 방사선 치료란 방사성 원소가 붕괴될 때 나오는 높은 에너지로 암세포를 파괴하는 거예요. 암세포는 무한정 분열하는 돌연변이 세포로, 엄청나게 빠른 속도로 세포 분열을 하기 때문에 DNA가 손상되었을 경우 이를 복구하는 능력이 정상세포보다 많이 떨어져요. 방사선이 세포의 DNA 결합을 끊거나 손상시켰을 때 정상세포는 이를 어느 정도 천천히 복구할 수 있지만 정신없이 분열 중인 암세포는 잘못된 DNA를 미처 수리할 겨를도 없이 죽는 거예요. 방사선 치료는 정상세포에는 별 영향을 주지 않으면서 암세포만 파괴할 수 있는 세기로 방사선을 쪼여주는 거예요.

또 방사선을 이용하면 칼 없이도 뇌수술을 할 수 있어요. 그것을 '감마선 칼 방사선 수술(gamma knife radiosurgery)'이라 불러요. 뇌같이 수술하기 어려운 부위에 종양이 생겼을 경우 종양의 정확한 위치를 파악하여 감마 방사선을 쪼여줌으로써 종양세포를 죽이는 거예요. 이렇게 방사선을 이용하면 좀 더 안전하게 수술을 할 수 있기 때문에 요즘 각광을 받고 있어요.

이뿐만이 아니에요. 식품에 방사선을 쪼여주면 인체에 유해한 기생충이나 식품을 상하게 하는 박테리아를 박멸할 수 있어요. 예전에는 음식물에 뜨거운 열을 가해 기생충의 알, 유충 등을 죽인 후 보관했지요. 세균이나 기생충을 죽이는 화학약품을 잔뜩 뿌리는 방법을 쓰기도 했고요. 하지만 이제는 방사선만 쪼여주면 해결된답니다. 방사선은 기생충뿐만 아니라 세균까지 확실하게 박멸해주기 때문에 훨씬 위생적이에요.

그뿐인가요? 방사선은 세포 분열을 억제하기 때문에 양파나 감자 등에 쪼여주면 싹이 나는 것을 억제해 오래 보관할 수 있어요. 딸기, 토마토와 같이 무르기 쉬운 과일과 야채도 싱싱하게 유지할 수 있게 해주고요. 방부제 걱정도 할 필요가 없어요. 화학약품을 전혀 뿌리지 않아도 되니까요. 게다가 식품의 영양소도 파괴하지 않아요.

그 밖에도 농작물의 품종 개량, 공업제품의 비파괴 검사, 옛날 물건이 제작된 시기 측정, 해양 개발, 우주 개발 등 많은 분야에 폭넓게 이용되는 걸 보면 꽤 유용한 에너지인 것 같군요.

접근 금지! 퀴리 부인의 요리책

우리 생활 구석구석에서 이용되고 있는 원자력. 그런데 안전상에는 문제가 없을까요?

마리 퀴리는 라듐이 내뿜는 방사선을 연구하는 데 평생을 바쳤어요. 하지만 방사성 원소가 인체에 미치는 위험성은 알지 못했어요. 실험 재료인 방사성 원소를 머리카락에 묻히고 다녔을 정도라고 하니까요. 일반 사람들도 방사성 원소가 위험하다는 것을 모르기는 마찬가지였나 봐요. 당시에는 방사성 물질인 라듐이 노화를 방지하는 기적의 약으로 알려졌다고 하니까요. 심지어는 라듐이 들어간 화장품, 비누, 치약, 초콜릿 등이 잘 팔렸다고 해요. 어쨌든 퀴리 부인이 항상 라듐을 달고 다녔던 덕에 그녀의 요리책에도 라듐이 묻어 있었다고 하는군요. 그리고 그 요리책은 아직도 방사선을 내고 있어요. 물론 이 요리책에는 접근 금지입니다! 거기서 나오는 방사선은 너무 세기 때문에 우리 몸에 들어오면 방사성 질병에 걸릴 수 있거든요.

방사선은 물이나 공기처럼 우리 주변 어디에나 존재해요. 태양에서, 땅에서, 건축 자재물이나 식물에서도 방사선이 나와요. 비행기를 타거나, 엑스레이 사진을 찍을 때도 나오고요. 하지만 양이 적기 때문에 인체에는 별 영향을 주지 않아요. 그러나 한꺼번에 너무 많은 방사선을 받게 되면 문제가 생겨요. 방사선의 종류, 인체에 흡수된 양, 방사선에 노출된 시간에 따라 다르지만 메스꺼움, 설사, 구토, 탈모 등의 증상이 나타날 수 있어요. 심하면 우리 몸의 DNA를 손상시켜 돌연변이를 유발할 수도 있고요. 특히 빠르게 자라고 있는 태아한테는 더욱 위험하겠죠. 건강한 사람들도 방사선에 장기간 노출되면 암이나 유전자 돌연변이가 일어날 수 있어요. 또한 어떤 물질이든지 방사선을 쪼여주면 그 안에서 매우 다양한 반응 생성물이 생길 수 있어요. 음식물에 방사선을 쪼여줄 경우에도 마찬가지예요. 아직 밝혀지지는 않았지만 이중에서 어떤 물질은 인체에 해로울 수 있기 때문에 더 많은 연구가 필요해요.

라듐이 함유된 초콜릿. 퀴리 부부가 발견할 당시만 해도 라듐은 강장제나 건강식품으로 알려졌다. 이 초콜릿은 1930년대 초반까지 팔리다가 각종 부작용이 발견되면서 판매가 금지되었다.

기후 변화를 원자력으로 막는다!?

2007년 12월 인도네시아 발리에서 13차 기후변화협약 당사국 총회가 열렸어요. 192개국에서 정부 대표와 과학자, 국제기구 관계자와 NGO 활동가들 만여 명이 참가했다고 해요. 그런데 일본 대표의 발언이 큰 주목을 끌었다고 하는군요. 한번 들어볼까요?

"우리가 원자력을 CDM(Clean Development Mechanism, 청정 개발 체제)으로 인정해달라는 것은 매우 현실성 있는 요구입니다. 실제로 동일한 발전량을 기준으로 원자력 발전과 다른 에너지원을 비교해봅시다. 석탄 발전소는 원자력 발전소보다 991배, 석유 발전소는 782배 더 많은 이산화탄소를 배출하고 있지 않습니까? 하지만 원자력의 이산화탄소 발생량은 14만 톤(2007년 기준)으로, 전체 이산화탄소 발생량의 약 0.07퍼센트이지만, 에너지 생산량은 전체의 35.5퍼센트나 차지하고 있습니다. 이렇게 숫자만을 보더라도 원자력이 우리 사회의 지속 가능한 성장을 보장해줄 유력한 대안이라는 것을 부정할 수 없습니다."

CDM은 깨끗한 에너지 개발 체제라고 할 수 있어요. 선진국이 개발도상국에서 온실가스 감축 사업을 해서 달성한 실적을 선진국의 감축 목표 달성에 활용할 수 있도록 하는 제도입니다. 모든 국가가 온실가스 감축에 투자할 여유가 있는 것이 아니기 때문에 CDM을 이용하면 선진국은 온실가스 감축 실적을 얻고, 개발도상국은 기술과 재정 지원을 얻는 효과가 있어요. 만약 일본의 주장대로 원자력 발전이 CDM으로 인정된다면, 일본은 개발도상국인 인도네시아에 원자력 발전소를 건설하는 데 자금을 투자하게 돼요. 일본의 투자로 지어진 원자력 발전소 덕에 인도네시아는 기존의 화력 발전소에서 발전하던 때보다 이산화탄소 배출량을 줄일 수 있어요. 이때 줄인 만큼의 이산화탄소 양을 일본이 더 배출할 수 있도록 한다는 거예요. 즉 자국의 이산화탄소 배출량을 늘리기 위해 다른 나라에 이산화탄소를 덜 배출하는 원자력 발전소를 세워주고, 그만큼의 이산화탄소 감축량을 일본이 가져가는 거지요.

우리나라도 발리 회의 직후에 열린 국내 기후 변화 종합 대책회의에서 원자력을 '온실가스 배출이 거의 없는 에너지원'으로 규정했어요. 또 일본과 같은 입장에서 원전 건설 및 운영을 추가적인 온실가스 감축분으로 인정해줄 것을 요구할 계획이라고 해요. 한국은 원자력 소비에서 세계 6위를 차지할 정도니까요. 현재 원자력 발전소 20기가 운영되고 있고, 추가로 4기가 건설 중이며, 4기는 계획 중에 있지요. 2005년 이후 원자력 발전은 세계적으로 감소 추세이지만 아시아 태평양 지역에서는 5.4퍼센트 성장했어요.

2차 세계대전 이후 우리 생활 구석구석까지 원자력의 힘이 미치지 않는 것이 없게 되었어요. 그 덕분에 생활이 무척 편리해진 것도 사실이에요. 하지만 원자력 에너지가 마냥 편리하기만 하고 위험성은 전혀 없는 걸까요? 한번쯤 생각해볼 문제군요.

방폐장 찾아 삼만 리

원자력 발전소에서 핵분열을 끝내고 나온 폐기물은 어느 정도 방사성 원소를 포함하고 있어요. 따라서 핵 폐기물은 말 그대로 쓰레기이지만 그냥 쓰레기통에 버릴 수는 없어요. 뜨겁고 강한 에너지가 지속적으로 나오기 때문에 오랫동안 생물권으로부터 분리시켜 안정시켜야 해요. 아주 오래오래 말입니다.

방사성 원소는 방사선을 방출하면서 점차 안정된 원소로 변해요. 이때 방사성 원소의 양이 원래의 절반이 되기까지 걸리는 시간을 반감기라 해요. 앞서 언급했듯 방사성 원소의 수명은 무척 다양해요. 하지만 원자력 발전에 사용하는 원자들의 반감기는 대부분 상당히 긴 편이라 수천 년 혹은 수만 년이 지나야 안정돼요. 바로 이 때문에 원자력 발전소에서 나오는 폐기물들이 골칫덩이가 되고 있어요. 아마 지금까지 임시로 저장해 둔 폐기물의 양만 해도, 만약 누출 사고가 날 경우 전 지구상의 사람들에게 해를 끼치고도 남을 거예요.

방사선의 위험성이 아주 오래 지속되기 때문에 원자력 발전을 하는 나라에서는 방사성 폐기물을 생물권으로부터 완전히 격리시키기 위한 폐기장을 건설하려고 해요. 현재까지 방사능 폐기물 처분장은 전 세계에 한 군데도 없어요. 예정 부지의 지역 주민들의 동의를 구하는 것도 어려울 뿐만 아니라 오랫동안 보관할 만한 안정적인 지반을 찾는 것도 힘들기 때문이지요. 그래서 현재는 다들 원자력 발전소 내에 임시 저장하고 있을 뿐이죠.

아이고, 힘들다. 핵핵핵!

방사성 물질이 생물권으로 유출된 적이 있어요. 1986년 구소련의 체르노빌 원전에서 일어난 폭발 사고가 바로 그거예요. 체르노빌 발전소는 1,000메가와트 규모인데, 우리나라 울진이나 영광의 원자력 발전소와 비슷한 규모예요. 그런데 운전자의 실수로 원자로의 노심이 완전히 녹아버리고 발전소의 지붕이 날아가는 등 어마어마한 피해가 발생했답니다. 누출된 방사성 물질은 바람을 타고 주변으로 확산되어 러시아 체르노빌 주변은 물론 동유럽까지, 심지어 2,000킬로미터 넘게 떨어진 노르웨이의 툰드라 지역에까지 퍼졌어요.

빗물과 섞인 방사성 물질은 이끼에 의해 흡수되었고, 이 이끼를 순록이 먹고, 사람들은 순록 고기와 우유를 먹었답니다. 그러니까 체르노빌에서 일어난 사고가 멀리 떨어진 노르웨이에까지 영향을 미쳐 방사성 생물 농축이 일어나게 된 것이지요.

그럼 우리나라의 원자력 발전은 안전할까요? 한국원자력안전기술원의 '사고 고장 정보데이터베이스(NEED)'에 의하면 1993년부터 2002년까지

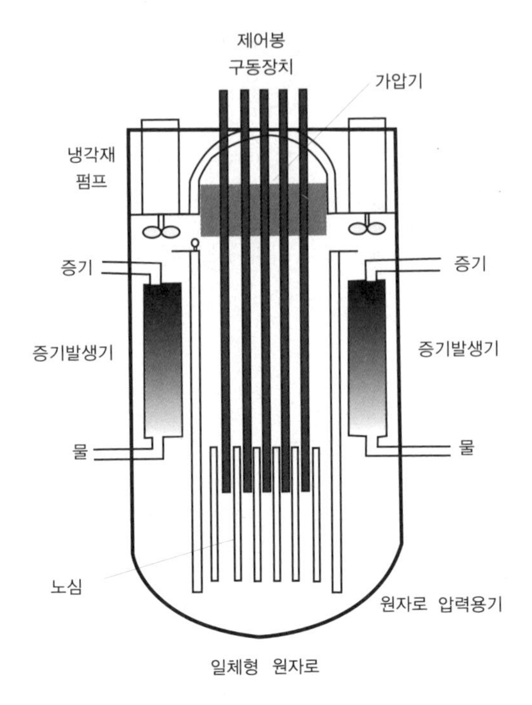

원자로는 핵 연료가 들어 있는 핵 연료봉 다발이 노심에 들어 있고, 핵 분열 연쇄 반응 속도를 조절하는 제어봉과 노심의 과열을 방지하는 냉각수 출입구관이 있다.

국내 원자력 발전소 사고 고장 전체 건수가 145건이에요. 가장 빈번하게 발전소 정지 사건이 발생했던 영광 3호기만 해도 1995년 한 해만 10건의 사고를 내기도 했죠.

게다가 핵무기의 확산도 심각한 문제가 되고 있어요. 2009년 현재 공식적으로 확인된 전 세계 핵무기 보유국은 미국, 러시아, 영국, 프랑스, 중국, 인도, 파키스탄, 이스라엘, 북한으로 9개 나라예요. 비공식적으로 핵무기를 보유한 국가들까지 포함한다면 더 늘어나겠지요.

원자력은 가공할 만한 에너지를 낼 수 있고, 생활 속에서 쓰임새가 아주 많지만 정말 조심조심 다루어야 할 에너지예요. 방사성 원소인 라듐을 발견한 피에르 퀴리는 노벨상을 수상한 후 이런 말을 남겼다고 하지요.

"자연의 비밀을 알아내는 것도 인간이지만 그 비밀을 알아서 과연 우리 인류가 얻는 것은 무엇인지도 질문해봐야 할 것입니다."

이는 과학자들뿐만 아니라 그 과학을 이용하는 우리들 각자가 스스로에게 던져야 할 물음이기도 하겠죠.

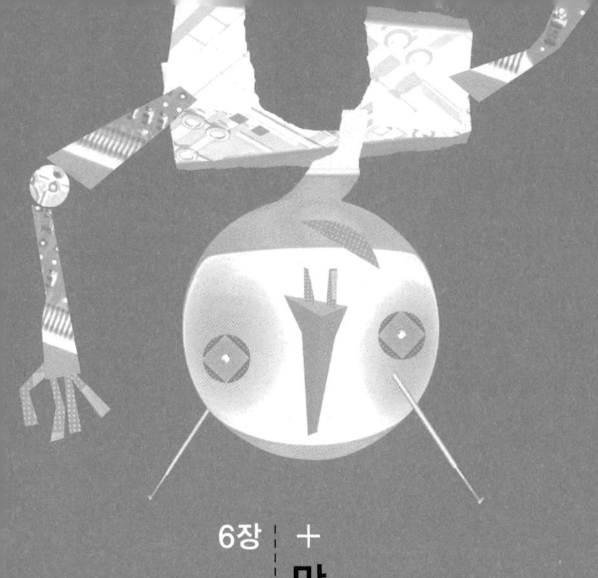

6장 만물이 살아 있다

:: 유비쿼터스 세상

영희의 하루

영희의 오늘 마지막 수업은 빙하에 관한 내용이었다. 온갖 종류의 빙하 모습을 담은 영상 판넬이 교실 벽면을 가득 채우고 있어서 영희는 마치 남극에서 수업을 받고 있는 듯했다. 영희가 선생님의 설명을 들으며 전자 노트에 펜 입력 방식으로 메모하면 그 내용은 텍스트로 변환되어 자동으로 저장되었다. 단짝 친구 철수는 어제 맹장 수술을 받아 병원에 있지만 원격 수업 도구를 지원받아 바로 옆에 있는 것처럼 토론에 참여할 수 있었다. 조별 토론 시간에 전자책의 메신저 기능을 이용해 빙하에 관한 토론을 하던 영희와 철수는 어느덧 수업 내용과 상관없는 잡담을 하기 시작했다.

3분 정도가 지났을까. 전자책에서 수업과 상관없는 이야기는 그만하라는 메시지가 떴다. 학교에서 전자책에 심어놓은 채팅 감지 로봇이 토론 내용을 분석해서 메시지를 보낸 것이다. 영희는 기분이 살짝 상했지만 수행 평가 점수를 깎이지 않기 위해 잡담을 그만두고 다시 수업 내용으로 토론을 이어 나갔다.

수업이 끝나자 교실 유리 벽면은 이달의 스케줄과 오늘의 숙제와 같은 공지사항을 알리는 게시판으로 변했다. 이 벽면은 올해 새로 설치되어 학생들에게 인기를 끌고 있다. 평소에는 반투명해서 교실 밖의 빛을 일부분만 통과시키지만 필요에 따라 완전히 빛이 차단되는 검은색 벽으로 변하기도 하고, 때론 게시판으로 변하기도 한다.

방과 후 영희는 엄마와 함께 쇼핑센터에 가기 위해 택시를 탔다. 아침부터 많은 눈이 내렸지만 도로의 센서가 눈을 감지하고 땅속의 열선 장치가 가열되어 눈이 말끔하게 녹았기 때문에 택시는 평소와 다름없이 쾌적한 도로를 달릴 수 있었다. 택시 안에서 엄마는 집에서 작성한 쇼핑 목록을 휴대전화를 통해 쇼핑센터에 전송했다. 쇼핑센터에 도착하자마자 엄마의 휴대전화 화면에는 사야 할 물건이 있는 위치와 추천 상품에 대한 안내 정보가 나타났다. 엄마는 휴대전화에 나타난 쇼핑센터 안내 도우미의 지시에 따라 쇼핑센터를 돌며, 사야 할 물건을 하나씩 카트에 담았다. 그때마다 카트는 '삐' 하는 짧은 소리를 내며 물건의 가격들을 더해 나갔다.

영희는 엄마한테 예쁜 운동복을 사달라고 말했다. 점원이 골라준 옷은 가벼우면서도 따뜻하고 최신 기능이 장착되어 있었다. MP3 내장은 기본이고 액세서리로 제공되는 고글을 착용하면 운동 중 칼로리 소모량, 맥박, 운동 진행률이 시야의 가장자리에 표시되었다. 영희는 너무 좋아서 입이 귀에 걸릴 정도였다. 엄마와 영희가 물건을 실은 카트를 끌고 계산대를 통과하자 카트에 담긴 물건의 전체 목록과 가격이 계산대의 화면에 나타났다. 엄마는 물품 목록을 확인한 뒤 휴대전화를 이용해 결제하고 배달을 부탁했다.

엄마와 함께 나란히 쇼핑센터 입구를 나서자 길가에 줄 지어 세워진 광고판에서 엄마와 영희만을 위한 맞춤형 광고가 연속으로 나왔다. 두 사람의 걸음 속도에 맞추어 동일한 광고가 가장 잘 보이는 게시판에 연달아 나타나자 엄마가 투덜거렸다. "사고 싶은 게 있어도 억지로 참고 있는데, 어떻게 내 마음을 알고 따라다니며 괴롭히는 거지?"

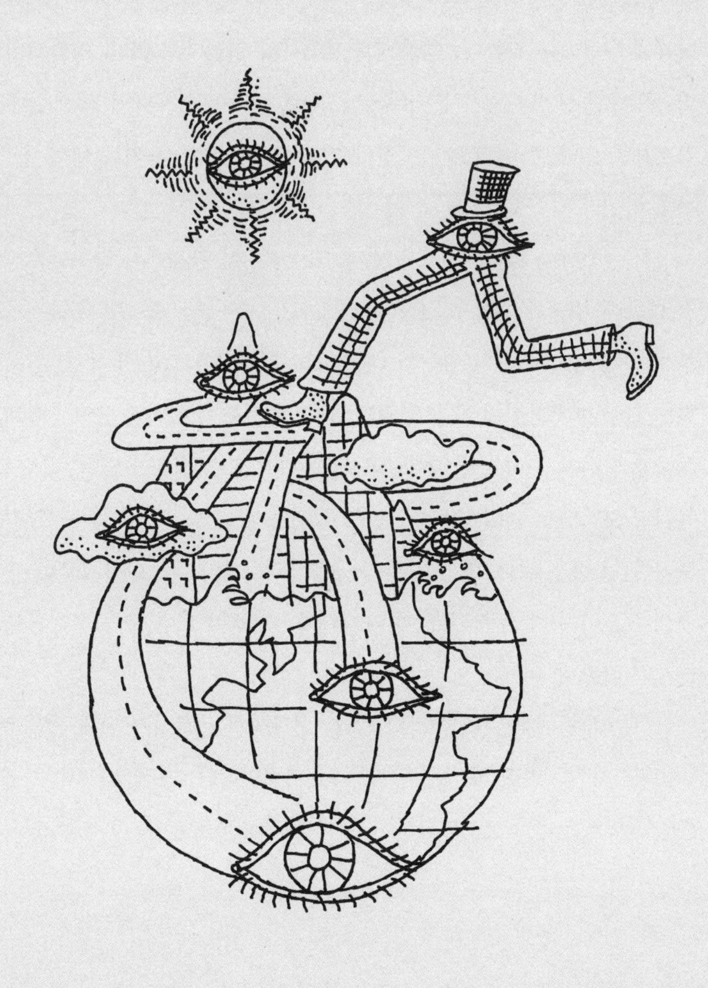

집에 도착해 영희가 문고리를 잡는 순간 영희의 지문이 확인되면서 문이 자연스럽게 열린다. 집으로 들어서는 순간 집 안의 불이 켜지고 보일러가 작동하기 시작한다. 영희는 냉장고부터 열었다. 그러자 냉장고의 스피커에서 음성 메시지가 흘러나온다. 유효 기간이 하루밖에 남지 않은 요거트가 있으니 빨리 먹으라는 것이다. 그러나 영희는 요거트 대신 우유를 꺼내 마셨다.

영희는 소파에 앉아서 TV를 켰다. 요즘은 TV 자체에서 광고를 걸러주기 때문에 옛날처럼 방송 시작 전에 광고를 보지 않아도 된다. 하지만 드라마 속에 광고가 숨어 있어서 더 집요하게 사람을 끄는 경향이 있다. 영희는 갑자기 화장실에 가고 싶었다. 예전 같으면 참았다가 중요한 장면이 끝나고 나서야 자리에서 일어날 테지만 이젠 그럴 필요가 없다. 화장실에 설치된 모니터로 거실 TV의 화면을 끌어와 계속 드라마를 볼 수 있기 때문이다. 소변을 보니 변기에서 음성이 흘러나온다. "소변이 갈색을 띠는 것으로 보아 몸에 수분이 많이 빠져나가 농축되었으니 수분 섭취량을 늘리시기 바랍니다."

엄마는 부엌에서 요리를 하고 있다. 된장찌개를 끓이기 위해 물을 붓자 냄비가 말한다. "물 한 컵, 두 컵, 세 컵째입니다. 조금 더 부어주세요. OK."

유비쿼터스……뭥미?

유비쿼터스(Ubiquitous)란 라틴어의 ubique에서 유래한 말로 '어디에나 존재하는'이란 뜻이에요. 유비쿼터스란 말을 컴퓨터 네트워크 용어로 처음 사용한 사람은 1988년 미국의 제록스에서 근무하고 있던 마크 와이저였어요. 그는 머지않아 수백 대의 컴퓨터가 한 명의 사람을 위해 존재하는 유비쿼터스 시대, 즉 '언제 어디서나 컴퓨터에 접속할 수 있는 시대'가 올 것이라고 말했어요. 영희의 세상처럼 말이에요.

지금은 네트워크에 접속하려면 컴퓨터를 이용해 또 다른 컴퓨터에 접근해야 하지만 유비쿼터스 시대에는 완전히 달라집니다. 세상의 모든 것들과 아무 때나, 손에 잡히는 아무것이나 가지고도 네트워킹이 되는 거지요. 집에 깜빡 잊고 두고 온 휴대전화와 통신해 전화를 받을 수도 있고, 내가 집에 없어도 강아지 복실이 밥도 챙겨줄 수 있어요.

정말 꿈같은 일이네요. 어떻게 이런 일이 가능할까요? 유무선 네트워크 통신 기술의 발달로 컴퓨터가 아닌 모든 기계들이 네트워크상에 주소를 가지고 있어 서로 자유자재로 통신할 수 있기 때문에 가능해지는 거랍니다. 그렇게 되면 개인이 언제 어디서나 네트워크에 손쉽게 접속할 수 있고, 네트워크를 통해서 자신에게 제어가 허락된 기구들을 제어할 수 있게 되는 거지요. 집 밖에서 집 안의 실내등을 켜고, 보일러를 끄는 것과 같은 기술은 벌써 나와 있지요? 또 천문학자가 다른 나라에 설치되어 있는 망원경을 원격으로 조정해 별을 관측하는 것도 일상적인 일이 되었답니다. 유비쿼터스 세상에서는 일부 특정한 사람들만 이러한 기술을 사용하는 것이 아니라 평범한 모든 사람들이 이 기술을 사용하고 의지하며 살게 된답니다.

그럼, 유비쿼터스 세상은 어떤 모습일까요?

첫 번째는 보이지 않는 컴퓨터의 세상이라는 거예요. 요즘과 같은 정보화 사회에서 컴퓨터는 만능으로 통해요. 작가가 글을 쓸 때도, 학생이 공부할 때도, 건축사가 설계 도면을 그릴 때도 컴퓨터가 필요합니다. 심지어 작곡가도 컴퓨터로 음악을 작곡하고, 화가도 컴퓨터로 그림을 합성하는 세상이잖아요. 어떻게 보면 편리한 것 같지만, 우선 복잡한 컴퓨터를 다루는 기술을 배워야 해요.

하지만 유비쿼터스 시대가 되면 사람들은 컴퓨터가 있는지 인식하지도 못하고 또 그럴 필요도 없어요. 컴퓨터가 초소형화되어 모든 물건 안에 들어가 있게 되니까요. 사람들은 컴퓨터의 사용 방법을 알지 못한 채 그저 물건을 사용하면 돼요. 모든 물건에 내장된 컴퓨터들이 서로 필요한 정보를 주고받으며 작업을 진행하게 되죠. 그러니까 유비쿼터스 시대의 특징 중 하나는 모든 사람들이 컴퓨터를 사용하면서도 컴퓨터를 인식하지 않게 된다는 거예요.

두 번째는 항상 연결된 네트워크 세상이라는 거예요. 대부분의 물건들이 서로 네트워크로 연결되어 정보를 주고받게 돼요. 유선과 무선으로 연결되고, 정지해 있거나 빠르게 움직이는 상황에서도 연결되고, 양 방향 혹은 단 방향 통신으로 연결됩니다. 가전제품만이 아니에요. 상점에 진열된 모든 물건들, 심지어 도축된 쇠고기가 유통 단계를 거쳐 소비자의 입으로 들어가는 모든 과정마다 RFID(Radio Frequency Identification, 무선 식별)칩이 붙어 있어 경로 추적이 가능하게 돼요.

잠깐, RFID가 뭐냐고요? 실은 여러분들도 많이 사용하고 있는 기술이

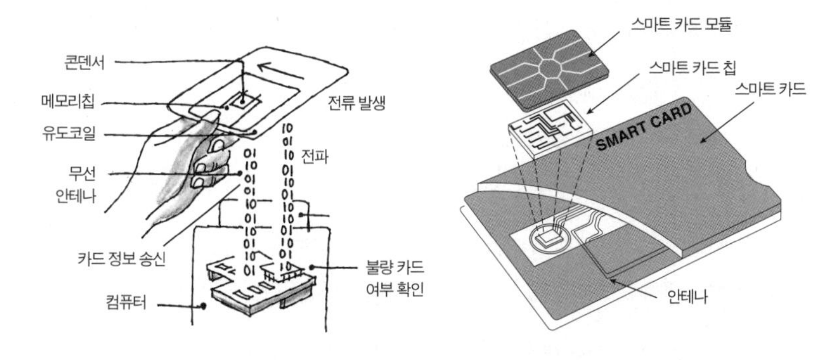

지하철 개찰구의 안테나에서는 언제나 전파가 발생한다. 카드와 안테나 사이의 거리가 10센티미터가 되면 전파는 카드 속에 내장된 유도 코일을 감응시켜 전기를 생산하고, 이 전기를 축전기에 저장한다. 이 전기로 카드의 메모리칩에 저장된 카드 번호를 개찰구의 안테나에 무선으로 보낸다. 그러면 개찰구의 컴퓨터는 사용 정지된 불량 카드가 아닌지 확인하고 문을 열어준다. 지하철 공사는 이 정보를 모았다가 카드 회사 등에 요금을 청구한다. 오른쪽은 스마트 카드 내부의 칩.

랍니다. 버스를 탈 때나 아파트 현관문을 열 때 카드나 열쇠를 카드 판독기나 자물쇠에 가까이 가져다 대지요? 이때 카드나 열쇠는 판독기에서 나오는 전파 신호로 에너지를 공급받고 전파 신호를 주고받아 버스비를 결제하거나 문을 열어주게 되는 거예요.

세 번째, 유비쿼터스 시대에는 만물이 살아 있습니다. 유비쿼터스 컴퓨팅 환경에서는 네트워크에 연결된 물건들을 인지하는 센서와 스스로 정보 처리를 할 수 있는 두뇌에 해당하는 마이크로프로세서와 무선 통신장치 그리고 전력 공급 장치를 갖게 돼요. 물건이나 환경이 지능을 가지게 되어 복잡한 상황을 해석하고 자율적으로 의사를 결정하게 되지요. 예를 들어 집에 들어갈 때 문의 손잡이를 잡는 순간 문은 내 몸 어디엔가 부착되어 있는 정보로부터 내가 주인임을 인지하고 잠긴 문을 열게 됩니다. 허락되지 않은 사람은 들어오지 못하게 하고요. 사람이 물건의 조작

법을 익히지 않아도 그 물건이 상황을 판단해 스스로 작동하는 거예요. 어때요, 참 편리한 세상이죠? 하지만 전기가 나가는 순간 모든 게 멈춰 버리는 문제가 있긴 하겠지요.

이렇게 편리한 유비쿼터스 세상이 되려면 어떤 기술이 필요할까요?

먼저 사람으로 치면 감각 기능인 센서가 발달해야 해요. 센서는 가까운 거리에서 외부 환경 변화를 감지하는 입력 장치 역할을 해요. 시청각 정보는 물론 빛, 온도, 냄새 등의 물리 화학적 신호를 전기 신호로 변환해 주지요. 센서는 크기가 작으면서 지능을 가지고 있어야 하고, 무선 통신의 기능을 갖추어야 하겠지요.

또 여러 가지 센서들이 네트워크로 통합되려면 인증 기술이 필요해요. 유비쿼터스 기능이 있는 집 대문을 만든다고 생각해보세요. 가족으로 인증된 사람만 들어가게 해야겠지요? 그래서 우리는 암호를 사용하기도 하고 작은 동전 같은 전자 열쇠나 지문을 인식하는 인증기술을 사용하고 있지요. 무선 인식이 가능하려면 앞에서도 말했던 RFID 인증 시스템이 필요해요.

필요한 것이 또 있어요. 모든 사물이나 기기를 서로 연결하려면 전자 공간의 주소(IP Address)가 필요해요. 현재 사용하고 있는 주소 체계인 IPv4(Internet Protocol version 4)의 경우 약 43억 개의 IP주소를 생성하지만 한 단계 더 업그레이드된(128비트 체계의 주소 할당 방식을 사용하는) IPv6는 44억의 4제곱이나 되는 주소를 생성할 수 있답니다. 마치 휴대전화 가입자가 늘어나면서 전화번호 앞의 자리가 처음 세 자리에서 네 자리가 되는 것과 같아요. 이렇게 되면 지구상의 모든 사물이 자기 주소를 가지게 되는 셈이에요.

또한 유비쿼터스가 되려면 기계도 스스로 판단할 수 있는 두뇌가 있어야 해요. 이 두뇌에 해당하는 것을 임베디드(embedded) 시스템이라고 불러요. 사물에 내장할 수 있는 전자 제어 시스템이죠. 이 시스템을 구축하려면 무엇보다 모든 기계들이 서로 소통할 수 있는 언어를 개발해야 해요. 이것을 얼마나 효율적으로 개발하느냐에 따라 유비쿼터스의 미래가 달라질 거예요.

앞의 이야기에서 영희 엄마는 모든 유비쿼터스와의 접촉을 휴대전화로 해결하네요. 요즘은 휴대용 전자기기의 종류도 무척 다양해요. 메모리, 카메라, MP3 플레이어, 전자사전, 휴대전화, PMP 등의 기기들이 갈수록 늘어나고 있지요. 그런데 현재는 이 기기들끼리 자료를 공유하려면 PC에 USB 케이블로 연결해야 해요. 이런 수준의 기술로는 유비쿼터스 세상을 만들기 어려워요. 유비쿼터스 세상에서는 PC 없이 모든 기기들이 직접 정보를 주고받는 무선 통신이 가능해야 하거든요. 각기 별개로 사용되고 있는 전화망, 이동통신망, DMB, 초고속 통신망, 와이브로 등 모든 통신망들이 서로 연결되어 정보를 주고받을 수 있어야 하고요. 고속으로 달리는 차 안에서도 통신이 끊어지지 않아야 해요.

하지만 그 무엇보다 중요한 것은 정보 보안 기술이에요. 유비쿼터스 환경이 아무리 세상을 편리하게 만들어줄지라도 정보 보안 기술이 발달하지 않으면 위험한 일이 생길 거예요. 개인의 정보가 쉽게 노출되어 사생활을 침해받을 수 있고, 해킹에 의한 범죄가 빈번하게 일어날 거예요. 해킹은 단순히 남의 재산을 빼앗는 것뿐만 아니라 고의로 교통사고를 일으키거나 심지어 살인에 이용될 수도 있거든요.

유비쿼터스 세상은 아직은 미래의 일이에요. 유비쿼터스 기술 덕분에 세상은 천국이 될 것이라고 기대하는 사람도 있고, 반대로 지옥이 될 것이라고 주장하는 사람도 있지요. 그만큼 장단점이 있다는 건데, 그 이야기를 들어볼까요?

	지옥이야	천국이야
가정	• 같은 집에 산다는 이유만으로 친밀하다고 볼 수 없다. 지구 반대편에 있는 사람하고도 24시간 옆에 있는 것처럼 이야기할 수 있으므로 가족 사이의 친밀성은 떨어질 수밖에 없다.	• 기러기 아빠도 매일 유학 간 자식과 자유롭게 소통할 수 있으므로 가정은 더욱 친밀해진다.
직장생활	• 퇴근 후 집에서도 회사 업무를 할 수 있기 때문에 일을 더 많이 하게 된다. • 내가 하루 종일 무엇을 하는지 상사가 손쉽게 감시할 수 있다. • 단순 작업을 로봇이 대치하면서 일자리가 점점 줄어든다. • 전 세계 모든 사람들과 경쟁해야 하므로 일자리를 구하기가 더욱 어려워진다.	• 재택근무를 할 수 있어 좋다. • 멀리 떨어진 곳에 사는 전문가에게 쉽게 도움을 청할 수 있다. • 단순 작업은 로봇이 하고, 사람들은 훨씬 더 창의적인 활동을 한다. • 전 세계 사람들을 고용할 수 있으므로 최적의 인재를 고용할 수 있다.
사회관계	• 사이버 세상에서 모든 일이 가능하므로 사람 사이의 유대관계가 줄어든다. • 자신과 의견이 맞는 사람들만 모이게 되어 끼리끼리 문화가 형성된다.	• 사이버 세상에서는 거리의 제약 없이 자신과 비슷한 생각을 가진 사람을 만날 수 있다. • 네트워크상에서 연대해 시간, 장소에 구애받지 않고 많은 일을 할 수 있다.

의사교환	• 시선을 맞추고 손을 잡으면서 이야기할 수 없기 때문에 의사소통의 질이 떨어진다.	• 과학기술은 느낌까지 전달할 수 있는 방법을 개발할 것이므로 의사소통의 양과 질이 모두 개선된다.
여가	• 노동과 여가 시간의 구별이 없어져 주말에도 수시로 일을 해야 하는 상황이 연출되면서 여가 활동은 줄어든다.	• 이동 시간이 줄어들고, 일의 능률이 향상되면서 짧은 시간 안에 더 많은 일을 처리할 수 있게 되므로 자연히 여가 시간이 늘어난다. • 여가의 질도 높아져 창의적 활동이 증대된다.
지리적 조건	• 빈부의 차이와 학력 수준의 장벽 때문에 웬만한 사람은 진입하기 어려운 그들만의 도시, 즉 빗장 도시가 형성된다.	• 쾌적한 도시 환경이 형성되어 주택과 건물의 본래 기능을 회복하면서 살기 좋은 도시가 된다.
유비쿼터스 사회상	• 모든 정보가 하나의 네트워크로 연결되어 있으므로 보안이 뚫릴 경우 개인의 사생활이 완전히 노출된다. • 길에다 침도 못 뱉고, 담배꽁초도 함부로 못 버린다. 늘 감시당하기 때문에.	• 언제 어느 곳에 있건 원하는 것을 할 수 있는 편리한 사회가 된다. • 컴퓨터를 조작하기 위해 어려운 컴퓨터 프로그램을 배우지 않아도 된다.

유비쿼터스가 보편화될 경우 가장 큰 문제는 개인의 사생활을 어떻게 보호할 것인가 하는 점이에요. 여러분은 하루 동안 CCTV에 몇 번이나 찍힌다고 생각하세요? 서울에 사는 어떤 회사원이 하루 동안 CCTV에 찍힌 횟수를 조사했더니 45회나 되었다고 해요. CCTV는 초당 3~5프레임씩 불특정 다수의 사람들을 찍어 저장하고 있으니 나도 모르는 새 나의 행동

과 모습이 촬영되겠지요. 앗, 조심해야겠어요. 항상 누군가가 당신을 보고 있으니까요.

유비쿼터스의 문제점을 이야기할 때 '빅브라더가 보고 있다'라는 말을 하곤 합니다. 빅브라더는 조지 오웰의 《1984년》이라는 소설에 나오는 가상의 인물로, 절대 권력을 가진 독재자예요. 빅브라더는 사람들을 유비쿼터스 시스템과 유사한 쌍방향 통신 장치인 텔레스크린으로 감시하고 세뇌시켜요. 이 텔레스크린은 모든 시민의 일거수일투족을 감시하기 위해 거리, 방, 화장실에까지 설치되어 있어요. 사람들이 무슨 말을 하고 무엇을 먹고 무슨 행동을 하는지 죄다 감시하죠. 마치 안이 훤히 들여다보이는 감옥에서 생활하는 것처럼 말이에요.

실제로 이런 감옥이 쿠바에 있어요. 이 감옥을 고안한 사람은 제러미 벤담(Jeremy Bentham)이에요. '최대 다수의 최대 행복'을 주장한 공리주의자로 유명하지요. 가운데 원형 감시탑이 있고 그 탑을 감옥이 빙 둘러싸고 있는 구조로 설계된 이 감옥을 파놉티콘이라 불러요. 중앙 감시탑은 안이 들여다보이지 않기 때문에 죄수들은 간수들이 있는지 없는지도 알 수가 없어요. 그 때문에 죄수들은 늘 감시당한다고 생각하고 행동하게 돼요. 결국 파놉티콘은 감시자 없이도 죄수들을 감시하는 효과를 거두게 되지요.

벤덤은 이런 건물 구조를 감옥뿐만 아니라 학교에도 도입해야 한다고 주장했어요. 파놉티콘 학교가 안 생겨서 다행이라고요? 그럴까요? 우리나라의 상당수 학교가 절도와 같은 불미스러운 일을 막기 위해 CCTV를 설치하고 있어요. CCTV가 거리 곳곳에 설치되어 있고 몰래카메라와 도청까지 이루어지는 우리의 생활공간이 21세기형 파놉티콘이라고 한다면 지나친 과장일까요?

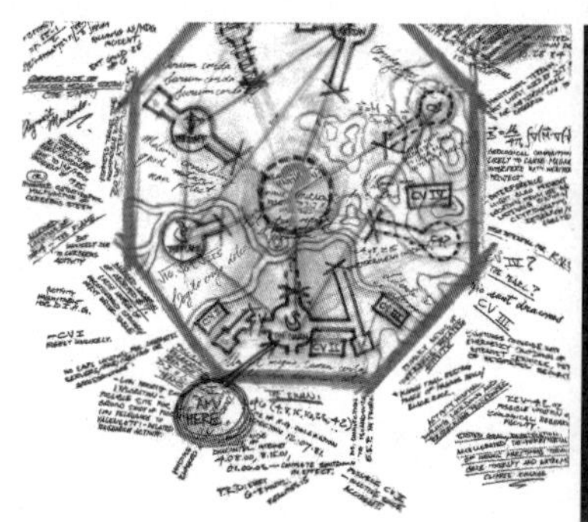

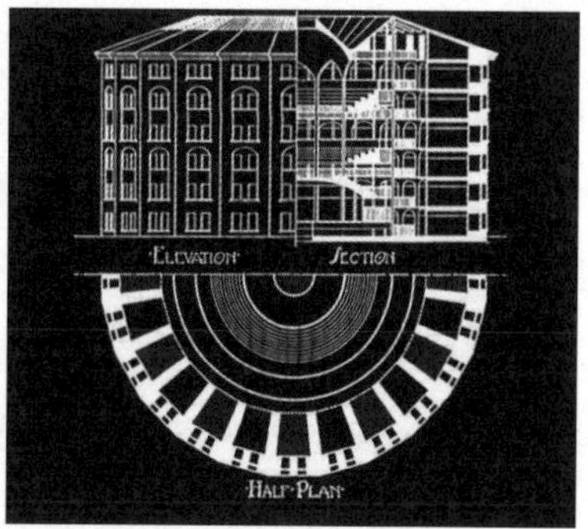

파놉티콘 설계도.

개인의 사생활을 보호할 수 없다는 측면만 생각하면 유비쿼터스는 위험한 시스템인 것 같네요. 하지만 유비쿼터스가 없는 사회라고 사생활이 안전하게 보장되는 것도 아닌가 봐요. 2008년 인터넷 쇼핑몰 '옥션'에서 가입자 정보가 해킹당하는 사건을 보아도 그래요. 그렇기 때문에 안전한 보안 시스템을 구축하고 개인의 정보가 함부로 누출되지 않도록 단속하기 위해서라도 유비쿼터스의 RFID를 이용한 전자주민증, e-카드와 같은 정보체계를 구축해야 한다는 의견도 있어요. 실제로 프랑스, 영국, 미국 등지에서는 몇 년 전부터 이런 시스템을 도입하기 위해 입법을 추진하고 있답니다. 중국은 13억 인구에게 모두 전자주민 카드를 발급하는 계획을 추진하고 있어요. 이미 9억 명 이상의 신상 정보가 데이터로 처리되어 전자주민 카드가 발급되었지요.

이처럼 전 세계적으로 전자신분증 도입이 확산되는 분위기예요. 각국의 정책 담당자들이 '효율성'과 '편리성'을 내세워 자국민의 생년월일과 건강 보험 번호, 심지어 신용카드 번호 같은 개인의 정보를 전자카드 한

장에 담으려 하고 있어요. 하지만 전자주민 카드를 반대하는 시민단체 등은 완벽한 보안이 안 되는 상황에서 전자주민 카드는 현실성이 없다고 주장하고 있지요. 심지어 요즘과 같은 정보사회에서 사생활은 환상이라고 이야기하는 사람들도 있어요.

이 때문에 각국은 전자주민 카드 도입을 놓고 국민적 합의를 이끌어내기 위해 고민하고 있어요. 캘리포니아 버클리 대학의 헌법학 교수였던 로버트 포스트(Robert C. Post)는 "전자신분증 도입은 행정 효율을 높이고 일부 범죄자를 적발하는 데는 유용하겠지만 전자카드의 복제나 위조 등을 완전히 차단할 수 없는 만큼 빅브라더를 초래할지도 모른다"고 꼬집고 있어요.

참, 우리나라에 빅브라더 상이 있다고 해요. 사생활을 침해하는 제도나 조직 중 '참 잘했어요'를 받을 수 있는 곳을 매년 선정해서 상을 준다는군요. 2005년도 빅브라더 상 〈가장 끔찍한 프로젝트 상 부문〉에 '주민등록번호 제도'가 개인 정보 유출 및 도용의 원인을 제공한다는 이유로 선정되었다고 해요.

'빅브라더'가 실제로 가능할까?

'빅브라더'가 세상을 감시하는 세상이 기술적으로 과연 가능할까요? 유비쿼터스 세상이 되면 우리가 사용하는 거의 모든 물건에 컴퓨터가 들어가게 되고, 이때 각 기기들에 저장된 정보를 마음대로 이용할 수 있게 된다면 빅브라더가 가능합니다. 각 기기들이 가지고 있는 정보를 얻으려면 보안 시스템을 뚫고 해킹을 하거나 그 기기를 만든 사용자가 처음부터 해킹 프로그램을 심어두면 되겠지요.

사생활 침해에 가장 기여한 기관 혹은 개인에게 시상하는 빅브라더 상. 빅브라더의 감시로부터 벗어나는 첫걸음은 생활 속의 빅브라더를 정확히 인식하고 기억하는 것으로부터 출발한다.

배트맨 영화 〈다크나이트〉에서는 고담 시내의 모든 휴대전화에 음파를 이용한 거리 측정기를 달아 고담 시 전체를 이미지화해서 데이터베이스에 저장하는 장치가 등장하지요. 실제로 이런 장치를 개발하기는 어렵겠지만 이와 비슷한 일은 일어날 수 있어요. 예를 들어 윈도즈 XP와 같이 많은 사람들이 사용하는 컴퓨터 운영체제(OS)의 개발자가 운영체제에 자신만이 접근할 수 있는 해킹 프로그램을 심어두면 원격으로 모든 사람의 컴퓨터를 훔쳐볼 수 있게 됩니다. 정보기관에서는 외국에서 선물로 받은 USB나 CD는 사용하지 못하게 하는데 그 속에 해킹 프로그램이 숨어 있을지도 모르기 때문이에요.

편리한 점도 있어요. 요즘은 많은 사람들이 인터넷 뱅킹을 이용하고 있지요. 천문학적인 돈이 전산망을 통해 안전하게 이동하고 있어요. 이것은 공인 인증서와 같은 보안 장치들이 함께 발달되어 있기 때문이에요.

이렇게 살펴보니 과학기술의 힘은 세상을 멸망시킬 수 있을 만큼 대단하네요. 과학기술이 발전하면 발전할수록, 제어할 수 있는 에너지의 양이 커지면 커질수록 인간은 많은 일을 해낼 수 있어요. 그 능력으로 꿈에 그리던 유토피아를 만들 수도 있지만, 반대로 너무나 손쉽게 세상을 멸망시킬 수도 있지요.

7장 아주 아주 작은 세상

나노 기술

천지창조 2.0-나노 로봇의 탄생

나노 로봇을 개발하려는 국가 간 경쟁이 치열한 가운데 한국의 연구진이 세계 최초로 의료용 나노 로봇의 원천기술을 확보하기 직전의 단계에 이른다. 그러나 연구진을 이끌었던 민 박사의 갑작스러운 죽음으로 원천기술이 허공으로 증발할 위기에 놓이는데…….

그동안 민 박사는 스스로 실험 대상이 되어 자신의 몸에 나노 로봇을 넣어 손상된 세포를 복구하는 실험을 하던 중 로봇이 정상세포를 공격하는 바람에 하반신이 마비되기도 했다. 하지만 굴하지 않고 나노 로봇 기술 개발을 위해 열정적으로 일해오다가 불의의 교통사고를 당한 것이다. 그러자 민 박사의 친구 강 박사가 그를 대신해 연구를 맡게 된다. 강 박사는 평소 나노 기술 개발에 회의적이었지만 정부의 끈질긴 회유로 연구를 이어받기로 한 것이다.

강 박사 이건 재앙의 시작입니다. 나노 로봇이 인체를 마음대로 헤집고 다니면서 스스로 증식을 한다는 말이 무엇을 뜻하는지 모른다 말이오?

정부 요원 물론 압니다. 통제 불능의 증식으로 인체를 공격할 수도 있고 변형된 단백질이 유전될 수도 있겠지요.

강 박사 알면서도 민 박사의 나노 로봇 기술을 복원하겠다는 거요?

정부 요원 우리가 아니라도 누군가는 할 것입니다.

강 박사 난 이미 손을 뗐소. 핵을 보시오. 핵을 연구한 그 어느 과학자도 그것이 인류의 운명을 위협하리라고 예측하지 못했소. 나는 할 수 없소.

정부 요원 대신 통제 기술도 함께 개발하면 되지 않겠습니까? 통제 기술 없이 나노 로봇을 개발한다면 큰 재앙을 불러오겠지요. 그 때문에 저희도 통제 기술이 완성된 후에야 세상에 발표할 것입니다.

강 박사에게 주어진 프로젝트의 이름은 '천지창조'. 인체의 적혈구와 비슷한 크기인 8마이크로미터(1나노미터의 1,000배)의 로봇을 개발하는 것이다. 이 나노 로봇은 혈관 속에 들어가 막힌 혈관을 뚫어 동맥경화를 치료하게 된다.

나노 로봇이 인체에 들어가서 의료 행위에 사용되기 위해서는 세 가지 조건을 충족해야 한다. 인체에 들어가서 살아남아야 하고, 자신의 임무를 독립적으로 수행할 수 있는 기능을 지녀야 하며, 마지막으로 조립, 양산을 위해 스스로 자기 복제가 가능해야 한다. 이 세 가지 조건을 완벽하게 갖춘 나노 로봇은 나노 기술과 생명공학 기술, 정보통신 기술 융합의 절정체다. 이 기술들의 결합으로 유기체와 무기체의 구분은 없어지게 된다. 생명과 비생명의 경계가 허물어지는 것이다. 그래서 신을 넘어서는 창조 능력을 갖게 된다는 의미에서 '천지창조' 프로젝트라는 이름이 붙여졌다.

이를 위해서는 몇 가지 해결해야 할 과제가 있다. 우선 나노 로봇을 움직이게 하기 위해서는 초소형 칩이 필요하다. 실리콘 평면에 미세한 회로를 찍어내는 기존의 기술로는 미세하게 설계된 회로들이 서로 엉켜 누전될 가능성이 있다. 따라서 스스로 결합하는 반도체 기술이 필요한데, 최근 각광받고 있는 것이 탄소 나노튜브를 이용하는 것이다. 탄소 나노튜브는 실리콘보다 훨씬 견고하고 안정적이어서 작고 입체적인 반도체를 만들 수 있다. 1991년에 일본 NEC연구소 이지마 스미오(飯島澄男) 박사가 개발한 탄소 나노튜브는 나노 기술로 만든 신소재로 강도, 열 전도성, 전

천지창조 ➡ 나노 로봇 ➡ 신인류 ➡ 그럼 구인류는?!

기 전도성 등에서 종래의 물질에서는 보기 힘든 우수성을 가지고 있다. 연구진이 만든 나노 로봇에 장착될 칩도 큰 물체를 깎아 극미세 물질을 만드는 하향식이 아니라 원자 크기의 물질을 배열해 원하는 극미세 물질을 만드는 상향식을 이용한다.

다음 과제는 인체에 투입된 나노 로봇이 활동할 수 있도록 하는 센서와 자료 송출 방식을 마련하는 것이다. 여기에서 생명공학 기술과의 융합이 시도되었다. 무선 센서 통신 네트워크를 기반으로 해서 나노 로봇들 간에도 통신을 할 수 있고 외부와도 송수신을 할 수 있도록 했다. 연구진은 나노 로봇의 동력으로 몸 안에서 일어나는 각종 전기 신호를 이용했는데, 예를 들면 포도당이 산화될 때 흐르는 전류를 이용하는 설계를 구상해낸 것이다. 동력뿐만 아니라 나노 로봇의 모든 회로를 단백질과 같은 인체 물질로 구성해 유기체와 기계의 완벽한 융합을 꾀한 셈이다.

이제 연구진에게 마지막 남은 과제는 나노 과학기술의 핵심이라고 할 수 있는 대량 생산 방식, 즉 자기 복제 기술이다. 나노 로봇의 대량 생산이 필요한 이유는 분자 크기의 카메라 하나만 가지고는 필요한 영상을 만들어내기가 어렵기 때문이다. 수백만 개의 개체가 인체에 투입되어야 하는 것이다. 하지만 인체 내에서 나노 로봇이 자기 복제를 할 때 발생할 수 있는 위험성이 검증되지 않았기 때문에 강 박사는 인체 밖에서의 복제를 시도한다. 돼지에서 추출하던 인슐린을 인공적으로 합성하게 된 것처럼 나노 로봇의 자기 복제에 박테리아 증식을 통한 방법을 사용한 것이다. 연구진은 단백질 합성물로 나노 로봇을 만들어 유기체가 증식하는 방식으로 나노 로봇을 복제하는 방법을 생각해냈다.

이렇게 해서 연구진이 개발한 나노 로봇은 다음과 같은 특징을 갖게 되었다. 첫째, 크기는 머리카락 굵기의 100분의 1에 지나지 않는다. 둘째, 모든 부품은 생체 단백질로 구성된다. 셋째, 로봇의 동력은 인체 내의 전기를 이용한다. 넷째, 몸체에 붙어 있는 70개의 바이오센서를 통해 각종 암과 질병을 진단하고 치료한다. 다섯째, 수집된 데이터는 초감도 안테나를 통해 외부로 전송된다. 여섯째, 몸속의 나노 로봇은 주어진 임무를 수행하고 일주일 후에 자동으로 분해되어 배출된다.

그러나…… 천지창조 프로젝트 복원을 눈앞에 두었을 때 교통사고로 숨졌다고 생각한 민 박사가 나타난다. 그는 세 번째 단계인 나노 로봇 증식 문제를 해결하기 위해 강 박사를 연구에 끌어들일 목적으로 자신이 죽은 것처럼 꾸몄던 것이다. 그는 기술이 완성된 순간 무장한 외국인들을 거느리고 나타나 거액의 대가를 받고 원천기술을 빼돌리려고 한다. 연구진이 협박을 받는 동안 네트워크를 통해 기술 데이터는 외국으로 송출되고, 정부도 자료가 인공위성을 통해 실시간으로 빠져나가는 것을 알면서도 속수무책인데……. 이 소식을 들은 네티즌들이 인터넷 사용량을 순간적으로 늘려 데이터 송출을 방해하면서 국가 원천기술의 유출을 막아낸다.

KBS 〈과학카페〉 '천지창조 2.0-나노 로봇의 탄생'(2007년 3월 16 방영) 재구성.

나노가 뭐니?

앞의 '천지창조' 이야기는 KBS 〈과학카페〉라는 프로그램에서 나노 로봇의 제작 기술과 활용 그리고 위험성을 다룬 가상 드라마 '천지창조 2.0–나노 로봇의 탄생'을 간략하게 소개한 거예요. 시청자의 이해를 돕기 위해 나노 기술 분야 연구자들의 인터뷰를 드라마 중간 중간에 삽입하고 있어요. 이 프로그램이 설정하고 있는 가상의 미래가 2015년인 걸 보면, 나노 로봇의 제작이 그리 먼 일은 아닌 것 같아요.

나노 치약, 나노 세탁기, 나노 화장품, 나노 내시경……. 새로 나온 제품마다 나노란 말이 안 들어가는 게 없어요. 도대체 나노가 뭐기에…….

나노는 굉장히 작은 단위예요. 1나노미터는 머리카락 굵기의 10만분의 1이에요. 보통 원자 3~4개 정도의 크기에 해당해요. 우리가 일상적으로 사용하는 물건들은 거의 눈으로 볼 수 있어요. 즉 미터, 센티미터, 밀리미터의 범위 안에 있지요. 하지만 박테리아, 적혈구, 바이러스 등은 이런 단위로 나타낼 수 없을 만큼 작아요. 박테리아, 적혈구, 바이러스보다 천 배쯤 더 작은 것이 나노 단위랍니다. 리보솜(ribosome, 세포질 속 단백질 합성체), 탄소 원자, 아미노산 등이 나노의 크기에 속해요.

나노(nano)는 고대 그리스어의 '난장이'를 뜻하는 나노스(nanos)에서 나온 말입니다. 1나노미터는 1미터의 10억분의 1에 해당하고, 이 정도 수준의 아주 작은 물질들을 제어하고 활용하는 기술을 나노 기술(Nanotechnology, NT)이라고 해요. 나노 기술의 세계에서는 원자를 이동시켜 원하는 배열로 만들어낼 수 있어요.

"나노 기술은 다음에 올 산업 혁명이다." _미국 국립 나노 기술지원단

"나노 기술은 새로운 세계로 들어가는 입구다." _미국 국립과학재단

이처럼 나노 기술은 미래 과학과 산업 및 사회를 근본적으로 변화시키는 핵심 기술로 평가받고 있어요. 18세기 중엽 산업혁명이 일어나 우리의 삶을 송두리째 바꾸었죠. 그렇다면 오늘날 나노 기술이 어떻게 이와 같은 영향을 미치게 된다는 것일까요? '나노'라는 용어에는 단순히 작다는 것 이외에 다른 어떤 의미가 있는 것일까요?

나노 규모란 단지 작은 덩어리를 의미하는 것이 아니라, 바로 원자나 분자의 크기를 의미해요. 모든 물질은 원자와 분자로 이루어져 있는데, 그것이 어떤 구조를 이루느냐에 따라 성질이 달라요. 따라서 나노 규모를 다룬다는 것은 원자나 분자를 다룬다는 뜻이고, 이를 조작함으로써 기존에는 불가능했던 전혀 새로운 성질이나 기능이 기술적으로 가능해진다는 것을 의미해요. 매크로(macro, 크기) 세계에서 나노 세계로 넘어가면 물질의 성질이 급격히 바뀜과 동시에 그것을 기초로 생산된 제품의 성질도 바뀌게 되지요. 이것을 흑연으로 만든 다이아몬드를 통해 알아볼까요?

연필심을 만드는 흑연과 다이아몬드는 형태도 다르고 그 값어치도 하늘과 땅 차이지만 모두 탄소로 이루어져 있어요. 흑연은 탄소 고리들이 개별적으로 2차원적인 층을 이루고 있어요. 이 층들은 서로 미끄러져 떨어지는 경향이 있어 흑연을 종이 표면에 문지르면 파편이 생기며 검은색이 그려지는 거예요. 그런데 같은 탄소로 이루어졌지만 다이아몬드의 구조는 전혀 달라요. 각각 3개의 탄소로 결합된 흑연과 달리 다이아몬드는 4개의 탄소로 결합되어 있어요. 4개의 연결 팔은 각각 사면체의 사각형을 가리켜요. 이러한 방식으로 3차원의 매우 안정적인 결정격자가 생겨나 다이아몬드를 세상에서 가장 단단한 물질로 만들게 되는 거지요.

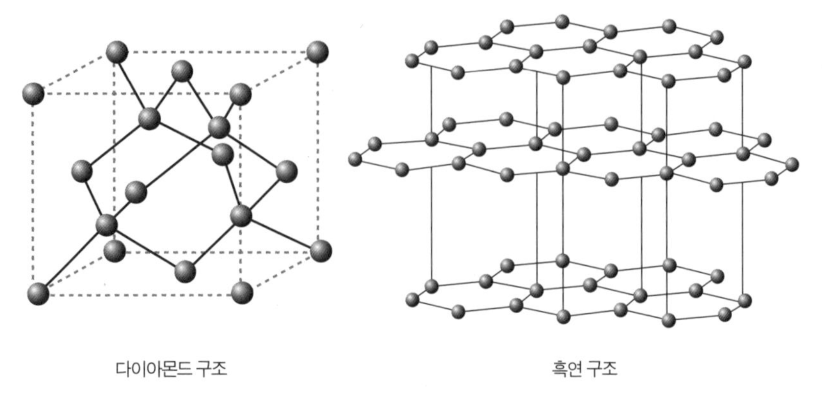

같은 탄소로 이루어져 있지만, 결합하는 방식이 달라서 완전히 다른 물질이 된 다이아몬드와 흑연.

우스갯소리로 참숯을 숯가마에서 계속 태우면 다이아몬드가 된다고 하지요? 실제로 고온 고압의 환경에서 흑연의 탄소 배열 구조를 바꾸어주면 인조 다이아몬드를 생성할 수 있어요. 이렇게 만들어지는 다이아몬드 가운데 1밀리미터 이하 크기는 주로 유리를 자르는 공구에, 나노 크기는 공구나 주방 용기에 코팅제로 사용된답니다.

그렇게 작은 걸 어떻게 만들어?

나노 기술의 성공 여부는 나노 규모의 구조물을 어떻게 만드냐에 따라 상향식(bottom-up)과 하향식(top-down), 두 가지 방법이 있어요.

하향식은 커다란 덩어리를 계속 깎아서 작게 만드는 거예요. 마치 통나무를 깎아 이쑤시개를 만드는 방법이라고 볼 수 있지요. 기존의 반도체

공정에 사용되는 방식이에요. 좁은 면적에 많은 회로를 집적시키기 위해서는 회로의 선 폭이 매우 가늘어야 하는데, 이를 만들기 위해 주변의 것을 제거해 가느다란 선만 남기는 방법을 사용해요. 현재의 제조 기술은 하나의 반도체 칩 위에 100나노미터의 선 폭으로 회로를 새기는 수준이라고 해요. 그런데 회로의 선 폭이 수십 나노미터에 이르면 반도체 소자들이 자기력을 갖지 못하게 되어 반도체 회로의 부품으로 쓰일 수 없어요. 그 때문에 더 이상 작은 크기에 도달하는 것이 불가능하다고 보고 있죠. 어떤 물질이 미터, 센티미터 단위에서 더 작은 크기로 줄어들게 되면 그 물질의 고유한 성질들이 조금씩 변하는데 100나노미터 이하가 되면 물질의 성질이 극적인 변화를 겪게 되거든요.

하향식의 물리적 장벽을 뛰어넘는 방법이 있는데 큰 덩어리가 아닌 원자나 분자로부터 가공하는 거예요. 이를 상향식이라고 해요. 원자나 분자를 마치 레고 블록을 조립하듯이 특정한 구조로 배열해 제품으로 만드는 거예요. 단순히 작게 만드는 것을 뛰어넘어 우리가 원하는 성질과 기능을 지닌 새로운 구조물을 만들 수 있는 획기적인 방법이지요. 지금까지는 자연에서 존재하는 물질의 구조를 그대로 받아들여 사용했다면, 미래에는 상향식 방법을 통해 원자들을 새롭게 배열함으로써 전혀 다른 구조를 만들어낼 수 있게 돼요.

그런데 원자나 분자들을 조립하는 것이 현실적으로 가능할까요? 원자를 과연 볼 수나 있을까요? 이전에는 원자를 조작하기는커녕 보는 것도 불가능했어요. 그러나 최첨단 장비들이 등장하면서 이러한 일이 가능해졌지요. 대표적인 것이 주사 터널링 현미경(STM, Scanning Tunneling Microscope)이에요. 주사 터널링 현미경으로 원자나 분자를 볼 수 있는

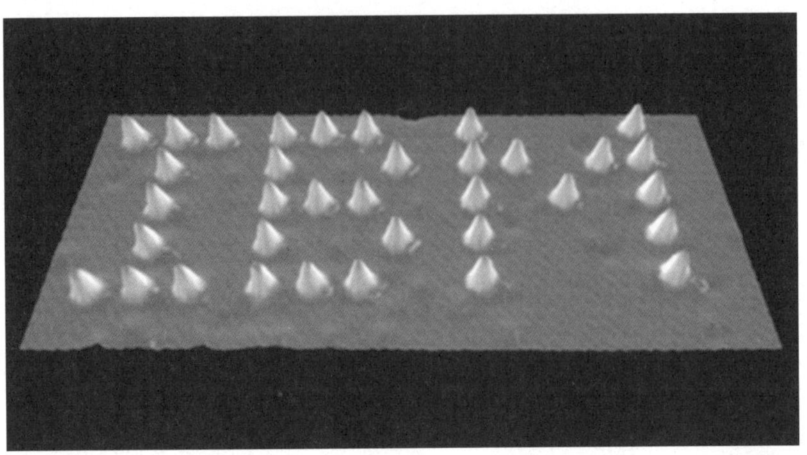

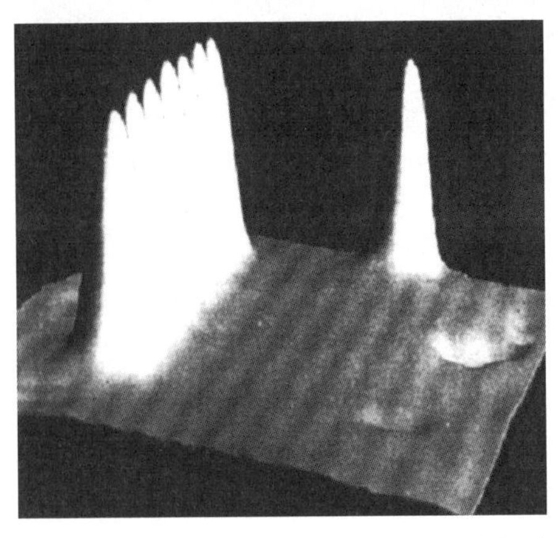

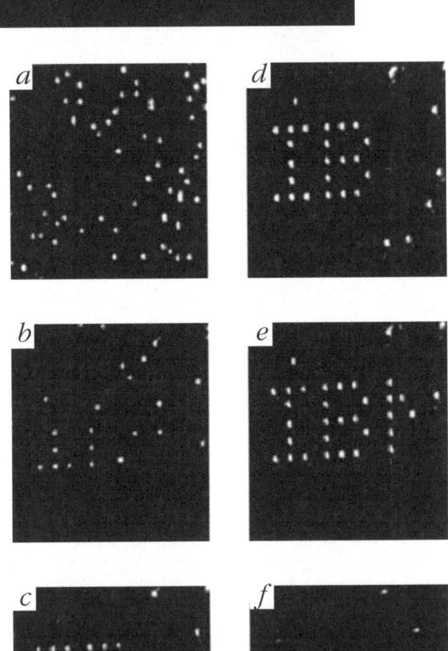

주사 터널링 현미경(STM)을 이용해 크세논 원자를 움직여 5나노미터 높이로 IBM 로고를 새겼다(위). IBM 로고를 쓰는 과정(오른쪽).

것은 물론이고 이들을 변형시킬 수도 있게 되었어요. 1990년 IBM 사는 이 현미경을 이용해 35개의 크세논(Xe) 원자를 하나씩 정확한 위치에 배열해 회사 이름을 썼어요. 이처럼 한 원자를 다른 원자 옆으로 옮길 수 있는 장비가 개발되면서 상향식 조립의 길이 열리게 된 것입니다.

그러나 주사 터널링 현미경은 한 번에 1개의 분자만 이동시킬 수 있어요. 따라서 이를 이용해 물건을 조립하려면 시간이 오래 걸려요. 실용화를 위해서는 대량 생산이 필요한데, IBM 사가 시도한 방법은 숟가락으로 바닷물을 퍼내는 것과 다름없지요. 원자나 분자 하나하나를 일일이 옮겨야 하니까요. 이와 같은 문제를 어떻게 해결할 수 있을까요?

이런 아이디어는 어때요? 만약에 원자나 분자들을 하나씩 배치하지 않고 서로 뒤섞어놓기만 해도 스스로 일정한 구조를 만들어 배열한다면……. 실제로 이러한 방법이 시도되고 있어요. 이것을 '자기 조립(self-assembly)'이라고 불러요. 원자나 분자들이 혼자 있는 것보다 옆의 입자와 결합하는 게 더 안정적이라면 이런 일들이 자동으로 일어나겠지요. 자기 조립은 바로 이러한 원리를 이용한 거예요.

한발 더 나아가서 에릭 드렉슬러(Eric Drexler)라는 과학자는 자기 조립보다 더 적극적이고 혁신적인 제조 방법을 제시했어요. 이른바 '자기 복제' 방법이에요. 세포보다도 작은 기계들, 그러니까 나노 크기의 작은 로봇들이 생명체와 같이 증식하는 것을 말해요. 로봇이라고 해서 기계적인 장치를 가지고 있는 금속 로봇을 연상하면 안 돼요. 단순히 크기가 작은 기계 로봇도 있지만 마치 우리 체내의 리보솜처럼 DNA의 유전 정보에 따라 여러 아미노산을 일정한 순서로 결합시켜 특정한 단백질을 만드는 나노 로봇도 있답니다.

기술자들은 나노 과학기술과 정보통신 기술, 생명공학 기술, 환경 기술과의 접목 가능성에 주목하고 있는데요, 가장 먼저 영향을 받는 것은 컴퓨터 분야일 거예요. 컴퓨터의 정보 처리 속도를 높이고 크기를 작게 하기 위해서는 좁은 면적의 반도체 칩 안에 회로를 많이 집적시켜야 하지요.

최근에는 나노 기술의 발전으로 원자나 분자를 직접 가공해서 회로의 선 폭을 줄여 나노 크기의 반도체를 만들 수 있게 되었어요. 꿈도 꾸지 못할 만큼 빠른 속도와 높은 수준의 정보 처리 능력을 가진 컴퓨터가 등장할 거라고 하네요. 이런 발전이 계속된다면 컴퓨터는 단순히 인간의 명령을 수행하는 데 머물지 않고 인간의 지적 능력인 인식과 추론 과정을 수행하는 인공 지능도 가능할 거예요. 또 지금의 거대한 슈퍼컴퓨터도 주머니 속에 들어갈 정도로 작아져서 손목시계나 안경, 옷이나 구두 속에 장착되어 기능을 하게 돼요.

나노 기술은 생명과학과 의료 분야에도 많은 영향을 미칠 거예요. 예를 들어, 인공뼈를 형성하는 분자들이 손상된 뼈의 위치에 가서 스스로 일정한 모양을 잡아 계속 결합하는 자기 조립을 하게 되면 강철이나 세라믹을 쓰지 않고도 치유가 가능하게 되겠지요. 이러한 기술은 현재 연구실에서는 이미 성공한 상태랍니다. 또한 나노 캡슐에 약물을 주입해 암세포까지 전달할 수 있다면 몸속의 다른 기관에 영향을 주지 않아 환자의 고통도 덜어주고 치료 효과도 훨씬 크겠지요. 최근 국내에서도 이런 나노 캡슐이 개발되었어요. 또한 나노 규모의 센서를 인체에 삽입해 당뇨병 환자

탄소 나노튜브는 육각형의 탄소 고리로 만들어진 관이다. 이 관들은 지름이 수십 나노밖에 안 되는 세상에서 가장 가는 관인 셈이다. 탄소 나노튜브는 속이 비어 있어서 가볍고, 전기는 구리만큼 잘 통한다. 열전도는 다이아몬드만큼 뛰어나며 인장력도 철강만큼 우수하다. 탄소 원자 사이의 결합은 현재 반도체의 주종을 이루는 실리콘보다 강하다. 전자회로 외에도 초강력 섬유나 열, 마찰에 잘 견디는 표면 재료로 쓸 수 있다.

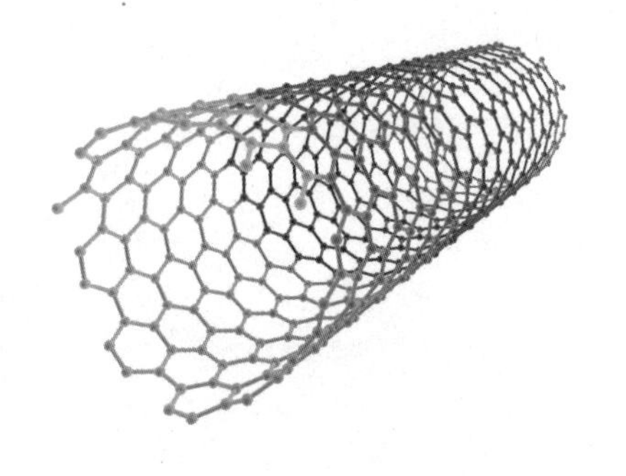

의 몸속에서 혈중 농도를 감시할 수도 있고, 인체의 여러 질병을 일으키는 바이러스나 박테리아, 독성 물질도 감지할 수 있을 거예요. 나노 로봇이 혈관 속을 돌아다니면서 병원균을 찾아 파괴함으로써 병을 치료하는 거지요.

나노 기술은 환경 오염을 막는 데도 큰 역할을 할 것으로 기대되고 있어요. 석탄이나 석유 같은 화석연료를 사용하면 공해 물질이 많이 발생하고, 특히 이산화탄소 같은 온실가스가 많이 배출되지요. 태양 에너지나 연료 전지 등의 무공해 에너지를 개발하는 데 나노 기술이 중요한 역할을 할 수 있다고 해요. 예를 들면 자동차 연료로 수소 연료 전지가 주목받고 있어요. 수소 연료를 사용하면 물만 배출되고 공해 물질은 방출되지 않아요. 이 연료 전지의 핵심 기술은 얼마나 효율적으로 수소를 생성하고, 운송 수단 내에 최대한 축적시키느냐에 달려 있는데, 탄소 나노튜브가 가능성이 가장 높은 소재로 떠오르고 있답니다.

탄소 나노튜브는 탄소가 속이 빈 대롱처럼 말려 있는 형태이고 직경은

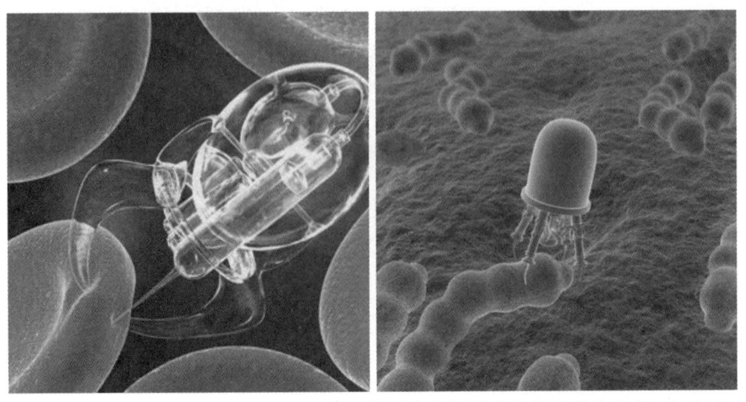

나노 과학 기술을 연구하는 과학자들은 나노 로봇을 이용하여 사람 몸속에서 치료를 할 수 있다고 기대한다.

약 20나노미터예요. 물리적 · 전기적 성질이 독특해서 만 년에 한 번 나올까 말까 하는 꿈의 신소재로 불려요. 강철보다 100배 이상 강해 지금까지 알려진 물질 중 가장 강한 것으로 평가되고 있어요. 또한 무척 가볍고 유연해 비행기나 고급 스포츠 장비에도 유용할 거라고 해요. 조건에 따라 초전도체나 반도체처럼 작용하는 성질이 있어 컴퓨터 제조와 관련해 전 세계적인 관심을 받고 있어요. 만약 탄소 나노튜브를 충분히 길게만 만들어낼 수 있다면 우주까지 엘리베이터를 세울 수도 있을 거예요. 하지만 아직은 밀리미터 단위도 못 만들어내고 있지요.

나노 로봇은 생명공학 기술과 정보통신 기술이 나노 기술과 결합된 합작품이라고 할 수 있어요. 미국 버클리 대학 연구소에서는 '스마트 더스트(smart dust, 똑똑한 먼지)'라는 것을 개발했는데요, 가로 세로 1밀리미터 크기의 초소형 센서를 가지고 있어 네트워크로 연결되어 공중에 떠다니면서 주변의 온도와 빛, 물체의 성분을 분석할 수 있어요. 이 먼지를 뿌려놓으면 산불을 감시하고, 지진 피해 지역에서 생존자를 구출하고, 군사작전 시 첩보용으로 활용하는 등 다양한 목적으로 상용화할 수 있다고 해요. 바람을 타고 먼지처럼 떠다닐 수 있는 것도 나노 기술을 이용한 덕분이지요.

그 밖에도 인체에 넣어 임무를 수행하게 하는 바이오 나노 로봇도 있어요. 바이오 로봇은 지금도 사용되고 있고요. 소장용 내시경에 쓰이는 알약 크기의 바이오 로봇을 떠올리면 쉽게 이해할 수 있어요. 인체로 들어가 1초에 세 장씩 각종 기관을 촬영해 외부로 보내주지요. 암을 진단할 때 사용하는 조영제도 일종의 바이오 로봇이에요. 주사기로 투여한 조영제가 혈관을 따라 다니다가 1밀리미터 이하의 암세포를 찾아내요. 이렇게 질병을 효과적으로 진단하고 치료하기 위해 바이오 로봇을 점점 더 작게 만들려고 연구하고 있지요. 치료 기능을 수행하고 나면 스스로 분해되는 나노 로봇을 개발하려는 거예요.

회색빛 미래

드라마에서처럼 어떤 기술이든 거기에 내포되어 있는 위험을 감안한다면 통제 기술 개발의 필요성이 간과되어서는 안 되겠지요. 또 원천기술을 둘러싼 국가 간의 암투를 보다 보면 기술의 개발이 인류의 행복을 위한 것인지 해당 과학자나 국가의 이익을 위한 것인지 다시 한 번 생각해보게 돼요.

마이클 크라이튼(Michael Crichton)이 쓴 《먹이》라는 소설은 나노 크기를 가진 그리고 자기 복제가 가능한 로봇을 인간이 과연 기술적으로 제어할 수 있는가 하는 문제를 제기하고 있어요. 이 소설에는 화상 의료 진찰용으로 개발된 나노 로봇이 등장해요. 분자 크기의 카메라 한 대가 전달할 수 있는 영상 자료는 사실상 무용지물이랍니다. 적어도 수백만 개의 카메라 미립자들이 인체의 혈관 속으로 들어가 구형의 형상을 이루어야 이 영상들이 모여 하나의 눈의 기능을 할 수 있다고 해요. 인간의 눈에서 수많은 망막 간상체와 추상체가 하나의 영상을 만들어내는 것처럼 수백만 개의 카메라 탐지기들이 영상을 합성해냅니다. 로봇이 유기체, 특히 인간의 행동을 모방하여 설계되었다고 보면, 나노 로봇은 유기체의 세포 단위로 크기를 작게 함으로써 더욱 유연하게 유기체의 행동을 모방할 수 있도록 한 아이디어라고 할 수 있어요.

이 소설에서는 수백만 개의 카메라가 동시에 작동해 하나의 영상을 만들어내기 위해서는 나노 로봇 카메라들이 공간 속에서 질서 정연한 조직의 형태를 띠면서 움직이도록 제어하는 프로그래밍이 필요하다고 제안하고 있어요. 분산 컴퓨팅 기술이 그것이에요. 기존의 프로그래밍이 시스템 전체가 주어진 행동 규칙들로 구성된 하향식이라면 이 새로운 방식은 상향식이라 볼 수 있어요. 프로그램이 최하위 구조에 있는 각각의 단위들의 행동을 규정하되 시스템 전체의 행동은 미리 규정하지 않는 거예요. 그 대신 하부 구조들 간에 작은 상호작용이 끊임없이 발생하고 그 결과로 시스템의 행동이 발현됩니다. 시스템을 미리 프로그래밍하지 않았기 때문에 마치 살아 있는 생명체처럼 보이기도 하고, 프로그래머들이 전혀 예상하지 못한 결과가 나와 소설 속 인물들의 생존을 위협하기도 해요.

마이클 크라이튼은 진화의 방향이 일반적으로 생각하는 것처럼 '발전'과 '전진'을 의미하는 것이 아니라, 시스템의 복잡성이 증가하는 방향으로 나아간다는 생각 아래, 나노 과학기술에 대한 인간의 통제 가능성에 대해 회의적이에요.

최근 〈뉴욕 타임스〉는 '인류를 파멸로 몰고 갈 10대 재앙'을 발표했어요. 여기에는 기후 변화, 유전자 변형 기술과 함께 나노 기술도 포함되었어요. 핑크빛 미래를 가져다 줄 것만 같은 나노 기술에 어떤 위험이 있기에 이런 무시무시한 경고를 했을까요?

앞에서 나노 기술을 소개하면서 강철보다 강하고 플라스틱만큼 가벼운 탄소 나노튜브를 이야기했지요. 그런데 그 탄소 나노튜브가 발암 물질을 일으키는 건축 자재인 석면처럼 폐에 깊숙이 파고들어 가는데 폐 스스로 정화할 수 없을 정도로 작아 암을 발생시킬 위험이 높다고 해요.

미국 로체스터 의대 권터 오베르되스터(Gunter Oberdorster) 교수 연구팀이 이와 비슷한 실험을 했다고 해요. 지름 20나노미터의 미세 입자를 쥐에게 15분 동안 호흡하게 했더니 4시간 내에 죽었답니다. 그러나 6배 이상 크게 만든 입자를 흡입시켰을 때는 죽지 않았다는군요. 나노 입자는 세포나 몸속 기관을 자유롭게 뚫고 지나갈 수 있어요. 대표적인 것이 뇌입니다. 원래 뇌는 독성 물질이 뚫고 들어오지 못하도록 단단한 울타리가 쳐져 있어요. 그러나 오베르되스터 교수 팀이 지름 35나노미터인 탄소 입자를 쥐에 흡입시켜 관찰한 결과 하루 뒤에 뇌의 후각 부위에서 탄소 입자가 검출되었다고 해요. 아마도 신경세포를 통해 뇌에 침투한 것으로 보입니다.

비슷한 실험이 있어요. 2004년에 미국 댈러스에서 흑연으로 만드는 풀러렌(fullerene, 공 모양의 탄소 구조) 나노 입자를 녹인 물에 민물 농어를 풀어놓았는데, 9마리에서 뇌 손상이 크게 나타났다고 해요. 일반 민물 농어에 비해 무려 17배나 높은 뇌 손상률이었지요.

탄소 입자뿐만 아니라 선크림과 화장품에 널리 이용되는 산화티타늄(TiO_2) 나노 입자도 신경세포를 손상시킬 수 있다는 연구 결과가 있어요. 생쥐의 신경세포를 보호하는 면역세포는 외부에서 이물질이 들어오면 활성산소를 분비해 태워버리는데, 산화티타늄 나노 입자에 한 시간 이상 노출되면 활성산소가 과다 분비되어 주변의 신경세포를 파괴한다는 거예요.

또 실험실에서 만들어진 나노 입자들이 세포 속으로 들어가면 심한 스트레스를 일으켜 세포 자살을 유도한다고 해요. 화학 합성 섬유로 유명한 미국 듀폰 연구소의 데이비드 워하이트(David B. Wacheit) 박사의 연구에 따르면 이산화티타늄, 탄소 분말, 디젤 입자 등 몇 가지 나노 입자는 크기가 작을수록 독성이 강해져 염증을 유발하는 것으로 밝혀졌어요. 몸 안에 들어온 나노 물질의 98퍼센트는 48시간 안에 배출되지만 나머지 2퍼센트는 몸의 각 기관에 쌓인다고 해요. 이렇게 쌓인 나노 입자가 어떤 독성을 발현할지 알 수 없는 상황이지요.

나노 기술이 군사 목적에 쓰일 경우에도 엄청난 파괴력을 가질 것으로 예상돼요. 예를 들어 총알이 자신의 진로를 스스로 찾아가고, 눈에 보이지 않는 작은 벌레 로봇이 멀리 있는 인간에게 날아와 독을 주입한다는 만화 같은 이야기가 실제로 일어날지도 몰라요.

개인 정보의 측면에서는 나노 기술로 컴퓨터 기능이 향상되어 개인의 유전 정보를 비롯한 모든 정보를 한곳에서 독점할 수 있겠지요. 개인 정보가 기업이나 보험회사에 유출될 경우 취업 기회를 놓치거나, 보험에 가입할 때 제한을 받을 수도 있답니다. 먼지와 같은 작은 컴퓨터들이 날아다니거나 신체에 부착되어 정보를 외부로 송신할 수 있고요.

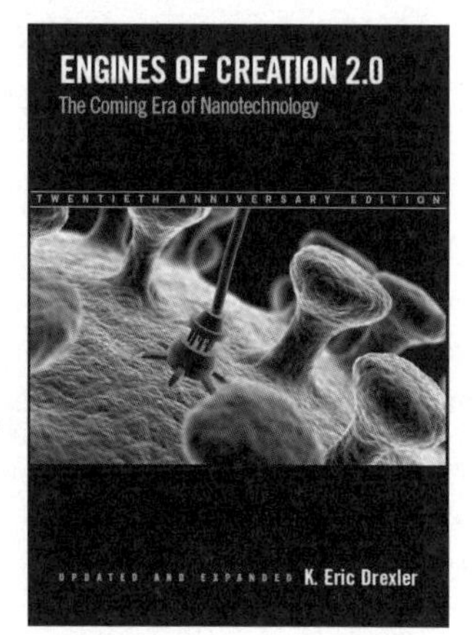

과학자 에릭 드렉슬러가 1986년 출간한 《창조의 엔진》 표지에서 나타낸 미래 모습. 나노 로봇의 아이디어를 처음 내놓은 드렉슬러에 따르면 이 로봇은 사람 몸속에 들어가 잠수함처럼 혈류를 헤엄치고 다니면서 바이러스를 박멸하거나, 자동차 정비공처럼 손상된 세포를 수리한다. 한때 농담으로 받아들여진 이 아이디어는 나노 의학의 선구자인 로버트 프리타스에 의해 구체화되었다.

나노 물체를 만드는 자기 조립 기술은 어떨까요? DNA가 복제되는 동안에도 오류가 생길 확률은 10만분의 1 수준으로 존재하긴 합니다. 다만 우리 인체는 돌연변이 복구 시스템이 작동하기 때문에 돌연변이 확률이 줄어드는 것이지요. 그러나 이처럼 완벽한 인체 시스템도 가끔 외적, 내적 요인에 의해 돌연변이가 발생하는데, 나노 물체를 만들어내는 자기 조립 기술에는 오작동의 확률이 전혀 없을까요? 특히 체내에 들어가서 특정한 기능을 하도록 만든 나노 로봇의 경우, 처음의 설계와는 달리 나노 로봇 개체 하나하나의 움직임을 다 조절할 수는 없어요. 나노 세계는 일반 물리의 지배도 받지만 동시에 양자역학의 지배도 받기 때문에 예측하지 못한 상황이 벌어질 수 있어요.

나노 로봇 아이디어를 처음 내놓은 미국의 에릭 드렉슬러 박사는 나노 기술의 미래를 암울하게 그리고 있어요. 그는 자신의 저서 《창조의 엔진(Engines of Creation)》에서 나노 기계가 자기 복제를 통해 생물을 죽일 수도 있다고 경고했지요. 효과적인 치료를 위해 자기 복제하는 나노 로봇이 인간의 통제를 벗어나 꽃가루처럼 바람을 타고 이동하면서 주위에 있는 것들을 모조리 먹어치워 지구 생태계를 불과 며칠 만에 회색 점액질로 바꿔버릴 수 있다는 시나리오가 그저 가상의 이야기로만 끝날지는 누구도 예측할 수 없어요.

우리에게 달린 문제

나노 기술은 인간이 자연의 모든 과정을 분자 수준에서 이해하고 그 작동 과정을 밝혀내어 자연만이 할 줄 아는 것을 모방함으로써 생태계라는 복잡계에 인위적이면서 강력한 영향력을 끼치게 되었음을 의미합니다. 나노 과학기술은 현재 로봇이나 생명체와 결합된 형태까지는 아니라고 하더라도 문제가 발생할 수 있어요. 나노 물질이 자기 역할을 다하고 난 뒤 나노 입자로 흩어져 자연 생태계로 투입될 때 어떤 교란이 생길지 예측할 수 없다는 거지요. 나노 입자는 잘 파괴되지 않고, 다른 물질과 쉽게 반응하고, 인간과 환경에 해로운 물질을 운반하거나 합성할 수 있고, 다른 장소로 바람을 타고 이동할 수 있는 성질을 가지고 있기 때문이에요. 맛이나 냄새가 없는 흰색 가루 DDT가 물에 씻겨 내려가지 않고 지방에 녹는 성질 때문에 흙이나 곡식에 축적되고 이것이 먹이사슬을 따라 어류와 조류 그리고 사람의 몸속에 쌓이는 과정이 밝혀진 것도 나중의 일이었어요.

나노 과학이 인류에게 핑크빛과 회색빛 미래를 동시에 가져다 줄 수 있다는 데는 누구나 동의할 거예요. 나노 과학기술로 인한 재앙을 과학기술의 힘으로 통제할 수 있는지 여부에 대해서는 의견의 차이가 있어요. 과학자들이 연구를 하는 데 필요한 재정적 지원을 받기 위해서는 연구의 안전성이 검증되어야 해요. 이때 흔히 하는 말이 새로운 기술을 완벽하게 제어할 수 있다는 거예요. 하지만 우리는 태안반도 기름 유출 사고 때 일일이 손으로 기름띠를 제거하면서 그 어떤 제어 시스템도 대자연 앞에서는 소용없다는 것, 그리고 손상된 자연에는 완전한 복구란 불가능하다는 것을 배웠어요.

기존에는 기술을 먼저 적용하고, 그 뒤에 발생하는 문제에 대응하는 방식이었다면 이제는 그 순서를 바꿀 필요가 있어요. 과학이 사회와 자연 생태계에 끼치는 영향력이 너무나 크기 때문이에요. 관련 기술을 다루는 과학기술자와 이를 지원하는 사회 구성원들의 의사 결정 과정이 좀 더 풍부해져야 하는 것은 물론이고요.

또한 그동안에는 기술 발전의 밝은 면이 주로 강조되어 왔지만, 앞으로는 어두운 면을 함께 고려하는 자세가 필요합니다. 지구 온난화 현상이나 유전자 조작 식품, 원자력 발전 등을 보면 과학 발전이 양날의 칼이라는 것을 알 수 있어요. 미래의 기술은 우리가 알고 있는 위험성보다 모르고 있는 위험성을 더 많이 품게 될 거예요. 현대의 과학기술의 혜택뿐만 아니라 피해까지도 고스란히 우리 인간에게 돌아온다는 것을 잊지 말아야 해요. 그렇기 때문에 과학기술이 상품이 되어서 시장에서 팔리기 시작한 후가 아니라 기술을 개발하는 초기 단계부터 대중들에게 과학기술의 밝은 면과 어두운 면을 모두 알리고 그 기술을 사용할 것인지, 사용한다면 어떤 방향으로 사용할 것인지에 대해 의견을 물어야 할 거예요. 또한 우리도 생각을 바꾸어야 해요. 과학기술을 과학자의 전유물로만 생각하지 말고, 이들 기술을 이해하고 판단하는 능력을 길러야겠지요. 그래야 회색빛이 아닌 핑크빛 미래를 맞을 수 있을 거예요.

8장 만능 해결사 줄기세포

: 줄기세포 연구

체세포 복제 실험 반대 게시판

View Articles

Subject	〈민국일보〉에서 퍼옴—천주교사제단의 생명윤리 수호대회

천주교에서 복제 연구 반대를 위한 대규모 집회를 연다고 합니다. 생명공학을 연구하는 사람으로서 이 집회가 탐탁지만은 않습니다. 아래는 관련 기사입니다.

〈천주교 '체세포 복제 실험 반대' 집회 열기로〉

〈민국일보〉 2007년 8월 28일 42판 30면 문화 뉴스

인간 생명의 소중함을 널리 알리고 정부의 반생명 정책을 비판하기 위한 '천주교 생명윤리 수호대회'가 내달 2일 서울 명동성당 일대에서 열린다.

이번 대회는 체세포 배아 복제 연구, 낙태, 시험관 아기 시술을 통한 인공수정과 출산 등 생명과 관련된 이슈에 대한 천주교의 입장을 천명하기 위한 것이다. 천주교 주교회의가 생명 문제에 관해 전국 규모의 대회를 개최하는 것은 이번이 처음이다.

추기경은 미리 배포한 강론을 통해 "생명공학의 등장으로 인간 생명에 대한 새로운 형태의 위협들이 생겨났다"면서 "생명은 인간의 탐욕을 채우기 위한 수단이나 방법이 아니라 그 자체가 목적"이라고 밝혔다.

이번 대회는 특히 올 정기국회에서 '생명윤리 및 안전에 관한 법률' 개정을 통해 체세포 복제 배아 실험을 허용하려는 움직임을 저지하기 위한 것이다.

국가생명윤리위 심의 위원으로 활동해 온 한 신부는 "정부가 배아 복제 등 생명과 관련된 문제들을 돈이 되는 산업적 측면에서만 생각하고 있다"면서 "천주교가 이에 심각한 위기의식을 느끼고 공개적으로 사회를 향해 목소리를 내려는 것"이라고 이번 대회의 취지를 밝혔다.

천죽이교 (2007-04-05 14:27:24)

하느님이 생명을 사랑하라고 하셨는데 장애인이나 난치병 환자의 삶은 하느님이 사랑하는 삶이 아닌감?

슈바이처 (2007-04-05 15:49:20)

체세포핵 이식 연구는 현대의학으로 치료하기 힘든 난치병으로 신음하는 환자들을 질병에서 구할 수 있는 가능성이 가장 높은 기술입니다. 또한 국가 경제를 발전시킬 수 있는 블루오션이기도 하죠. 이런 경제적 가치의 중요성과 현재 난치병으로 신음하는 환자와 가족들의 고통을 생각한다면 눈에 보이지도 않는 배아 생명의 가치를 주장하는 것은 옳지 않습니다.

-.- (2007-04-05 17:41:35)

저도 동의해요. 아직 배아는 사람도 아닌데, 지금 고통받는 사람보다도 더 중요할까요?

홍승지 (2007-04-05 18:02:43)

에끼. 여보슈……. 희대의 사기꾼 황우석한테 그렇게 당하고도 아직도 정신을……. 황우석이 여러 가지 사기를 친 것 중 하나가 배아 줄기세포를 만드는 데 셀 수도 없이 많은 난자를 불법적으로 얻어서 실험한 것 아니오. 이런 연구를 하려면 무수히 많은 난자가 필요하고, 그 많은 난자들을 망쳐서 간신히 한두 개의 배아를 만들어내는 것이라 하니, 배아도 문제지만 난자도 문젠데, 그럼 당신이나 당신 딸 난자라도 내놓을 셈이오?

슈바이처 (2007-04-05 19:04:19)

말 삼가합시다. 물론 연구가 성공해서 배아 줄기세포를 만들어내고 그것으로 고통받는 사람들을 구할 수 있다면 나도 난자를 내놓을 것입니다만, 그런 식으로 개인적인 공격을 하는 건 옳지 않습니다. 솔직히 황우석 박사 사건의 본질은 한 연구원이 개인적 욕망에 의해 만들어낸 사건이라는 것입니다. 뛰어난 기술을 가지고 있는 황우석 박사가 '황우석 죽이기'로 희생을 당해 이제 다른 나라들이 이 기술을 선점하고 있는 형편입니다. 지금이라도 황우석 박사가 연구를 재개할 수 있도록 도와야 합니다. 국익뿐만 아니라 난치병으로 고통받는 사람들을 위해서 말이오.

운석 (2007-04-05 19:44:46)

근데, 슈바이처 씨 난자 있는 여자 맞나요? 슈바이처 씨부터 배아 복제해서 성전환해야 하는 것 아닌가?

봄날 (2007-04-05 20:28:22)

피터 싱어(Peter Singer)라는 유명한 생명윤리학자가 있습니다. 아시는 분은 아시겠지만, 동물들을 사육하는 사람들의 비윤리적인 행태를 고발한 분이지요. 그런 뛰어난 윤리학자도 한국 강연을 통해 이렇게 주장했습니다. "체외 상태의 배아는 인공적인 조작 없이는 더 자랄 수 없으며 고통, 쾌락을 느끼거나 의식하는 능력이 없음이 분명하다." "배아 생명권의 근거를 배아의 잠재성에서 찾을 수 없다면 정자와 난자 주인들의 동의가 있는 한 배아를 파괴하는 데 대해 도덕적으로 반대할 근거가 없다." "오히려 우리는 줄기세포를 얻어야 할 윤리적 의무마저 느낀다." 평소 잔인하게 사육된 동물들을 즐겨 먹는 육식주의자들이 배아는 생명이 될 수 있기 때문에 연구를 해서는 안 된다고 하는 건 앞뒤가 안 맞는 이야기 아닐까요?

소란 (2007-04-05 20:43:14)

바이오공학이 국가 경제를 회생시키는 데 묘약이 될 수도 있다는 것을 똑똑한 나라들은 진작 알고 있지. 호주에서는 연구 목적의 체세포 복제를 허용하는 법이 통과되었고. 퀸즈랜드 주에서는 체세포 복제 및 동물의 난자에 인간의 핵을 이식한 키메라 배아 연구의 상당 부분을 허용하는 법안이 통과되었다지. 인간 정자로 동물 난자를 수정시켜 키메라 배아를 생성하는 것까지 허용한다고.

복제 (2007-04-05 23:15:30)

호주만이 아닙니다. 영국에서도 체세포 복제를 할 때 인간의 난자를 사용함으로써 파생되는 복잡한 문제들을 피하기 위해서 다른 동물의 난자를 대신 사용하는 연구를 허용하고 있을 정도입니다.

즉 인간 핵DNA + 동물 난자세포질 ⇒ 키메라 줄기세포.

홍승지 (2007-04-05 21:05:34)

피터 싱어라는 사람 순 어거지 궤변이로구먼.

별똥돌 (2007-04-06 09:18:29)

자고로, 천주교란 혼자서 진보적인 척 다하면서 실제로는 보수 중의 꼴보수입니다. 역사적으로 시신 연구 금지, 천연두 백신 금지 등 시대착오적 주장들을 해온 집단입니다. 과학기술의 진보는 인간의 삶을 더욱 윤택하게 만들어왔습니다. 실제로 그 종교인들이 기도하는 내용의 대부분은 그들의 삶의 평안을 위한 것 아닌가요? 그러한 인간들의 풍요로운 삶을 이끌어준 바탕은 과학기술의 발전이지요. 그런데 오늘날 의학의 비약적 발전을 가져올 체세포 복제 연구를 제한적으로 허용하는 것도 아니고 전면적으로 반대하는 것은 시대 역행적인 발상일 뿐입니다.

코요테 (2007-04-07 03:28:08)

뭐 과학자들이 보기에는 종교인들이 짜증 날 거고, 종교인들의 눈으로 보면 과학자들이 짜증 나겠죠. 그러나 이런 긴장관계는 필요하다고 봅니다. 설령 과학 발전이 더뎌진다 해도 말이죠. 핵물리학 발전이 어떤 결과를 낳았습니까? 과학자들이 원했건 원치 않았건 핵폭탄이라는 결과를 낳았다는 걸 잊어선 안 됩니다.

나그네 (2007-04-07 07:53:24)

잠시 들어왔다가…….

멋있는 돌리 아버지!!! 최근에 복제 양 돌리를 만든 영국의 과학자 이언 윌머트(Ian Wilmut) 교수가 줄기세포 연구에서 인간 배아의 복제를 포기한다고 선언한 사실을 아시는지?

윌머트 교수는 복제 양 돌리를 탄생시킨 배아 복제 대신, 배아 없이 줄기세포를 생산하는 일본 과학자들이 개발한 새로운 기술을 지지한다고 밝혔다고 BBC가 보도했더군요. 체세포를 배아 줄기세포 단계로 되돌리는 데 필요한 유전자를 바이러스를 이용해 표적 세포의 DNA에 삽입하는 방법을 이용하고 있다는군요. 이번 일본의 연구는 그간 생명윤리의 논란이 되었던 배아를 통한 만능 줄기세포를 만드는 것이 아니고 피부세포에 특정한 유전자를 삽입, 이로부터 줄기세포를 추출해내는 것이어서 배아를 파괴하는 윤리적 논쟁에서 어느 정도 벗어날 수 있지요. 윌머트 교수 연구팀도 인간 배아 복제를 포기하고 일본과 같은 방식을 따르기로 했다는군요. 이런 연구 방향이라면 생명 파괴 논란을 피할 수 있을 것입니다.

채플린유산
상속을 허하라
—복제 찰리
과학자시여!
내게 또 한 번의
기회를 주시나이까!
우린 타임지
선정
2005년
최고발명품!
너흰
누구?

줄기세포 삼형제를 소개합니다.

첫째 맏이는 수정란이 세포 분열을 시작한 발생 초기의 세포들이에요. 이들은 각자 하나의 완전한 생명체가 될 수 있기 때문에 '완전 분화 줄기세포(totipotent stem cell)'라고 해요.

둘째는 완전 분화 줄기세포가 분열을 계속해 만들어지는 '배아 줄기세포(embrionic stem cell)'랍니다. 수정란이 세포 분열을 계속해서 세포 수를 늘려가다가, 수정 후 5일 정도 되면 안쪽으로 30~40개의 세포들이 만들어지고, 바깥의 세포들은 태반을 형성할 영양 세포층이 되는데, 이것을 배반포라고 해요. 배반포 안쪽의 세포들이 바로 배아 줄기세포예요.

배아 줄기세포는 근육이나 뼈, 뇌, 피부 등 신체의 어떤 기관으로도 전환할 수 있는 아주 특별한 능력을 가진 세포예요. 분화를 유도하는 신호만 있으면 어떤 장기로도 분화될 수 있지요. 배아 줄기세포는 이론적으로 인체를 구성하는 216가지의 모든 조직 세포로 분화될 수 있어요. 그래서 만능세포라고도 부른답니다. 그러나 이 시기가 지나면 세포들은 자신의 운명이 결정되기 때문에 더 이상 여러 종류의 세포로 분화할 수 없게 돼요. 그래서 과학자들은 배반포 안쪽의 배아 줄기세포들을 계속 분화시키는 실험을 하고 있지요.

막내인 셋째는 사람 몸속의 성숙한 조직과 기관 속에 들어 있는 줄기세포(multipotent stem cell)입니다. 보통 '성체 줄기세포(adult stem cell)'라고 불러요. 골수에서 백혈구, 적혈구 등의 혈액세포들이 계속 만들어지는 것은 바로 이 줄기세포 때문이에요. 성체 조직의 성장이나 재생을 위해

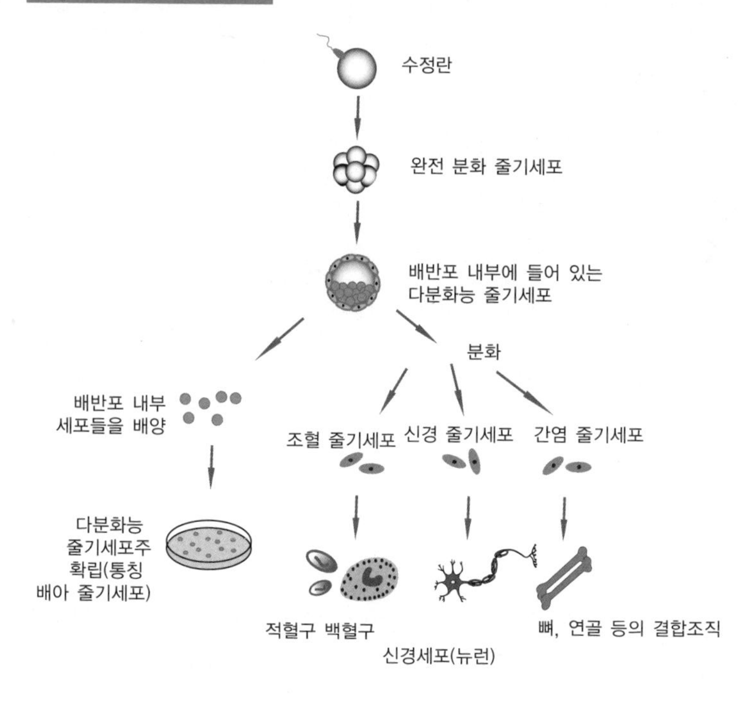

골수, 피부, 뇌 등의 성체 조직에 남아 분화되지요. 그러나 이 줄기세포들은 배아 줄기세포만큼 오래 살지 못하는 데다, 채취되는 양이 적고, 모든 세포로 분화되기도 어려워요. 그래서 과학자와 의학자들은 줄기세포 삼형제 중에서도 바로 둘째인 배아 줄기세포에 대해 더 많은 관심을 가지고 있답니다.

배아 줄기세포에 대한 연구는 주로 핵을 제거한 동물의 난자에 사람의 체세포 핵을 이식하거나 불임 부부들이 남긴 냉동 배아를 녹여 배아 줄기세포를 배양하는 방법을 통해 이루어지고 있어요. 1998년 미국 위스콘

체세포 핵 이식을 통한 환자 맞춤형 배아 줄기세포 생성 과정

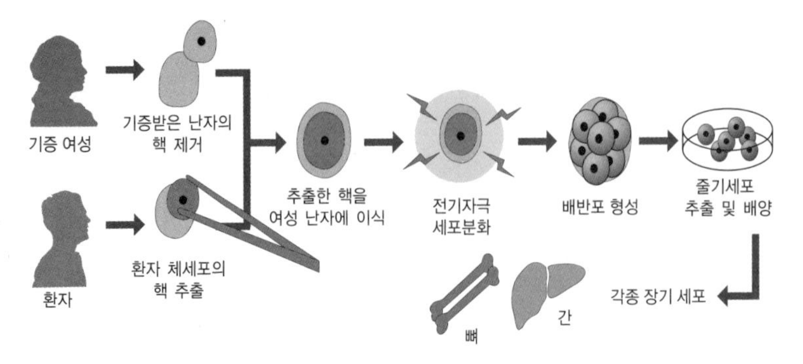

신 대학의 톰슨(James Thompson)에 의해 처음으로 안정적으로 배아 줄기세포가 유지되는 인간 배아 줄기세포주가 확립되면서 지금까지 60여 개의 배아 줄기세포주가 연구되고 있답니다.

과학자들이 배아 줄기세포 연구에 적극적으로 나서는 데는 다 이유가 있어요. 이 기술이 성공하면 현재의 의학기술로는 치료하기 어려운 난치병의 차세대 치료 방법을 개발할 수 있기 때문이지요.

당뇨병 환자를 체세포 핵 이식법을 이용해 치료하는 과정을 한번 살펴볼까요? 혈액 속의 포도당량을 조절하는 인슐린 분비 이상 때문에 생기는 당뇨병을 치료하는 과정입니다. 먼저 기증받은 난자의 핵을 제거하고, 여기에 당뇨병 환자의 체세포 핵을 이식합니다. 여기에 전기 자극을 주면 마치 정자, 난자가 수정한 것처럼 세포가 분열을 해요. 분열이 일주일 정도 진행된 후 배반포 단계가 되면 줄기세포를 뽑아 배양시킵니다. 무한 증식 능력이 있는 배아 줄기세포는 계속 분열을 하게 돼요. 이중 일부 줄기세포를 인슐린을 만드는 세포인 이자(췌장)의 β세포로 분화하도록 유

도한 후 당뇨병 환자의 이자에 이식하면 정상적인 이자세포가 인슐린을 분비하게 되는 것이지요. 그러면 당뇨병 환자는 매일 인슐린 주사를 맞지 않아도 되고 까다로운 식이요법과 각종 합병증으로 고생하지 않아도 돼요. 말 그대로 '완치'가 되는 것이랍니다. 만약 이런 치료법이 성공한다면, 세상에 장애인이라는 단어가 사라질지도 몰라요. 문제가 되는 기관의 세포를 정상세포로 이식해주면 될 테니까요.

하지만 이 연구를 바라보는 시각이 긍정적인 것만은 아니에요. 지금은 '아마 그곳은 북서쪽 방향에 있을걸' 하는 정보만 가지고 길을 떠나는 것과 비슷한 상황이에요. 이렇게 하면 된다는 원리만 정립되고 그 과정에서 발생할 수 있는 수많은 문제점들은 여전히 남아 있는 상태이지요. 예를 들어 여성이 난자를 기증하기 위해 건강을 해쳐가며 과배란 유도제를 맞아야 하고, 가난한 여성들이 돈을 받고 난자를 파는 등 '여성의 몸'이 상품처럼 판매될 수도 있지요. 또 생명이 될 수 있는 배아를 현미경 아래에서 찢고 헤집는 행위를 통해 생명을 경시하는 풍조가 생길 수도 있고요. 아직도 배아 줄기세포를 원하는 세포로 분화시키는 방법은 대부분 수수께끼로 남아 있기 때문에 이 과정에서 어떤 문제들이 생길지는 아무도 모른답니다. 산 넘어 산이죠.

14일의 생명 논쟁

배아 줄기세포 연구가 생명윤리에 반하는가 그렇지 않은가 하는 문제는 우선 '생명의 시작을 언제부터 보는가'와 깊이 관련이 있어요. 종교·

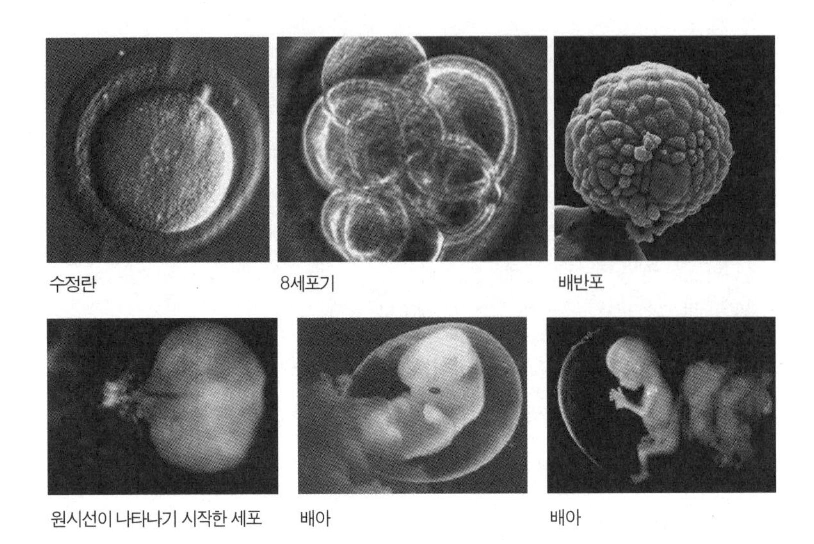

수정란이 개체로 자라는 발생 과정 중, 포배기로부터 낭배기로 진행될 때 나타나는 원시선은 배아의 연속적인 변화 과정의 한 부분이다. 수정란이 세포 분열을 시작하여 약 14일경이 지난 후 나타나는 원시선은 장차 뇌와 척수로 분화될 원시신경관의 윤곽으로서, 이 부분이 신경계의 기능을 하려면 적어도 60일 이상이 더 지나야 한다. 14일 이전의 배아와 14일 이후의 배아가 갖는 결정적인 차이는 뭘까?

윤리학계에서는 수정이 일어난 순간부터 생명체라고 보기 때문에 배반포 단계에서 배아 줄기세포를 뽑아내는 행위를 생명을 훼손하는 것으로 간주해요. 그러나 생명공학계에서는 수정 후 14일 이전까지는 생명체로 보지 않아요. 이때부터 뇌와 척수로 분화되는 원시신경관의 윤곽인 원시선이 나타나고 조직과 기관이 형성되기 시작하므로, 14일 이전은 생명체라기보다는 세포 덩어리에 불과하다는 것이지요. 이 세포들 사이에는 차이가 없고 상호작용도 일어나지 않기 때문에 하나의 생명체로 보기 어려우므로, 이때까지의 배아는 실험에 사용해도 윤리적으로 문제가 되지 않는다고 주장해요.

그러나 원시선을 전후해 배아에 본질적인 변화는 전혀 없다는 것이 반대쪽의 주장입니다. 생명은 연속적인 것이고, 원시선은 꼭 수정 후 14일에 생기는 것이 아니라 수정란에 따라 10~15일 사이의 다양한 시점에서 나타나는 것인데, 그것을 14일로 못 박아 그날을 전후로 생명체를 판단한다는 것은 배아 실험을 위한 억지 기준일 뿐 과학적 의미가 없다는 것입니다. 이에 대해 난치병 환자와 그 가족들은 '세포 덩어리가 난치병 환자의 생명보다 더 소중한가?'라고 강한 의문과 분노를 표현합니다.

두 번째로 복제 인간에 대한 우려입니다. 인간 배아 복제 연구, 즉 체세포 복제 연구란 환자의 체세포 핵을 핵이 제거된 난자에 넣어서 치료 목적의 배아 줄기세포주를 만드는 것으로, 이것은 복제 인간을 만드는 것과는 거리가 멀다는 것이 생명공학계의 주장이에요. 그러나 종교 · 윤리학계에서는 배아 줄기세포 연구를 위해 복제되는 인간 배아가 곧 복제 인간이라고는 말할 수 없지만, 이것이 자궁에 착상되면 9개월 뒤에는 체세포를 제공한 사람과 동일한 유전자를 지닌 인간, 즉 복제 인간이 태어나게 된다는 점에서 위험성을 경고하고 있어요. 인간 배아 복제 연구는 결국 복제 인간을 만드는 길로 들어가는 관문이라는 것이지요. 과학기술 자체의 역동성은 언제든지 인간의 통제를 벗어나 과학적으로 실현 가능한 경계를 넓혀나간다는 것이 과거의 경험으로부터 얻은 교훈이기에, 배아 복제 연구가 결국 복제 인간의 등장을 초래할 것이라고 보는 거예요.

세 번째로 배아줄기 세포를 배양하는 방법들에 대한 문제 제기가 있어요. 현재 배아 줄기세포 배양을 연구하는 방법은 불임 시술 후에 남은 배아를 사용하는 것, 핵을 제거한 동물 난자에 사람의 체세포 핵을 이식하는 이종(異種) 간 핵 이식 기술, 핵을 제거한 사람의 난자에 체세포 핵을 이식하는 기술이 있어요.

이것은 신선한 혹은 냉동 잔여 배아로부터 줄기세포를 얻는 경우에 인간이 될 수 있는 잠재력을 가진 인간 배아를 실험에 사용한다는 점에서 생명을 도구화한다는 윤리적인 비판이 있어요.

또, 다른 동물의 난자를 이용한 배아 복제 연구는 복제 인간의 문제는 피해가지만, 종 간의 경계를 무시하고 잡종을 만든다는 점에서 걱정스러운 점이 있어요. 세포 내의 모든 기능과 역할이 완전히 밝혀지지 않은 상황에서 인간의 핵을 동물의 난자에 이식하는 경우, 동물도 아니고 인간도 아닌 이상한 생명체가 출현할 수도 있고, 동물로부터 인간에게 유해한 바이러스나 성분들이 옮겨올 가능성도 있기 때문이에요.

최근 영국에서 암소의 난자에 인간의 피부세포 DNA를 주입해 배아를 만들었는데, 연구진은 이 배아가 인간과 동물의 성질을 모두 갖고 있으며 3일 동안 생존했다고 발표했어요. 이에 대해 '프랑켄슈타인 실험'이라고 비난하는 입장과, 인간의 난자를 사용하기 어려운 상황에서 난치병 치료 연구를 위한 불가피한 방법이라며 옹호하는 입장 사이에 치열한 논쟁이 벌어지고 있지요.

마지막으로 사람의 난자를 이용해 배아 복제를 연구하는 경우에는 복제 인간의 문제 외에도 여성의 몸을 실험 도구화하고 상품화한다는 비판이 있어요. 난자를 얻는 것은 정자를 얻는 것과 같이 간단한 일이 아니기 때문이에요. 난자의 생성을 촉진하기 위해 호르몬인 과배란 유도제를 주사하고, 배란일에 맞춰 마취를 한 후 복부나 질을 통해 난소로부터 난자를 채취해야 하는데, 이 과정이 여성들에게 많은 고통을 준다고 해요. 시술 후에 복통과 우울증, 골반염, 신부전증, 불임 등의 후유증이 생길 수도 있고요. 또한 과학 발전을 위해 기꺼이 난자를 제공하는 여성만으로는 필요한 난자를 모두 확보하기 어려울 것이기 때문에 가난한 여성들이 난자를 팔게 되겠지요. 결국 난자의 상품화와 상업적 거래를 막지 못할 거라는 우려가 있는 거지요.

생명윤리가 생명공학 연구의 발목을 잡는다?

난치병 치료와 인류의 건강 증진이라는 목적으로 이루어지는 생명공학 연구에 대해 생명윤리학계가 자꾸 이의를 제기하며 발목을 잡는 이유는 무엇일까요?

20세기 생명윤리학에 큰 영향을 미친 사건 중 하나는 2차 세계대전 당시 독일과 일본이 저지른 인간을 대상으로 한 생체 실험이었습니다.

- 한 쌍둥이에게 세균을 주사하고 그중 한 명이 죽으면 나머지 쌍둥이도 죽여서 함께 부검을 해 세균에 의한 장기의 변화 양상을 비교, 관찰했다.
- 사람들을 냉동시킨 다음, 냉수와 온수, 끓는 물에 담그는 수차례 해동 실험을 통해 37℃의 온수에 담갔을 때 동상 치료가 가장 효과적이라는 결론을 얻었다. 이 과정에서 실험 대상자들은 곧바로 죽거나 살과 피부가 부패되고 흰 뼈가 드러나는 극도의 고통 속에서 죽어갔다.
- 사람들을 발가벗겨 감압 실험실에 가두고 압력을 조금씩 감소시키면서 압력의 변화에 따른 인체의 변화를 관찰했다. 실험 대상자들은 귀를 막고 비명을 지르면서 몸을 벽에 부딪치고 고통스러워하며 죽어갔다.

2차 세계대전이 끝난 뒤, 생체 실험에 관여한 독일 의사들과 과학자들을 심판하기 위한 뉘른베르크 재판이 열렸다. 139번에 걸친 공판 끝에 1947년 8월 19일 판결을 내리면서, 재판부는 '허용 가능한 의학 실험'이라는 10개 조항의 강령을 발표했다. 이것이 국제적으로 채택된 사상 최초의 의학연구윤리 강령이었다.

이처럼 끔찍한 생체 실험을 자행한 사람들은 포악하고 무지한 사람들이 아니었어요. 당시의 인텔리 계층인 의사, 과학자들에 의해 실험이 이루어졌지요. 이들이 그렇게 잔인한 실험을 했던 것은 전쟁의 광기에 휘둘린 탓도 아니었어요. 전범 재판에서 이들은 과학의 진보와 난치병 치료 등 숭고한 목적을 갖고 생체 실험을 수행했다고 주장했어요. 생명윤리를 담보하는 안전장치 없이 국가의 이익이나 의학의 발달 등을 위해 수행되는 의학 · 과학 연구 활동이 얼마나 무책임하고 무서운 결과를 초래할 수 있는지 보여주는 역사의 교훈이지요.

뉘른베르크 전범재판 이후 유엔 총회에서 세계인권선언이 채택되었어요. 제1조에서 이렇게 선언했지요. '인류 모든 구성원의 고유한 존엄성과 평등하고 양도할 수 없는 권리를 인정하는 것이 세계의 자유와 정의, 평화의 기초가 된다.' 인권이란 사람이 태어나면서부터 부여받는 천부적인 권리를 말해요. 성이나 인종, 종교 등과 관계없이 모든 사람이 공평하게 누릴 수 있는 권리인 것이지요. 인권 사상의 바탕에는 인간의 근원적 존엄성에 대한 인식이 자리 잡고 있어요. 인간 존엄의 기초는 바로 생명이므로 인권 문제의 가장 핵심은 인간 생명의 유지와 보존이에요. 그런데 전체 생명 세계의 일부분으로서 인간의 생명이 존중되기 위해서는 전체 생명 세계가 존중되어야 하겠죠. 따라서 생명윤리의 범주는 모든 생명에 대한 존중으로 확장됩니다.

생명공학 연구에 대한 생명윤리적 성찰은 궁극적으로 인간의 존엄성과 정체성, 나아가 인류의 미래 세대를 지키기 위한 것이라고 생명윤리학계에서는 주장해요. 이는 결코 생명공학 연구의 걸림돌이 아니며 생명공학의 올바른 방향을 모색해 건전한 발전을 유도하려는 것이라고 말이에요. 생명공학 시대에서 생명공학은 연구자들만의 전유물이 아닙니다. 생명공학의 결과물과 위험은 사회 구성원 모두가 감당해야 하기 때문이에요.

'윤리적인 생명과학'의 발전을 위해 생명공학자들뿐만 아니라 일반 시민들의 의식 변화와 노력도 필요해요. 끊임없이 연구의 영역을 확대하려는 과학자들에게 '과학적으로 할 수 있는 이 연구가 윤리적으로도 할 수 있는 것인가?'라는 물음을 던지고 그 기술이 지닌 잠재적 위험에 대해 환기시키는 것은 바로 우리들 몫이에요.

그래도 배아 줄기세포 연구는 계속되어야 한다?

현대 과학과 의학의 진보는 인류의 생명을 연장시키고, 삶의 질을 향상시켜 왔어요. 오늘날 생명공학은 의학 기술 진보의 가장 핵심적인 기술이지요. 특히 줄기세포 연구는 현대 의술로는 불가능한 난치병을 완치시킬 수 있는 유일한 대안으로 여겨지고 있어요. 알츠하이머, 파킨슨병 등의 뇌질환이나 근 위축증, 척수 손상, 당뇨병 등 현재로서는 특별히 치료약이나 수술 방법이 없는 난치병 환자를 치료하는 데 환자 맞춤형 배아 복제 기술로 분화시킨 줄기세포를 이용하면 면역 거부 반응 없이 환자를 낫게 할 수 있다고 해요.

특히 고령화 시대로 접어들면서 노인성 치매를 포함한 알츠하이머로 고통받는 환자가 더욱 늘어날 것을 예상할 때, 줄기세포 연구는 난치병 환자만을 위한 것이 아니며, 미래에는 누구나 그 혜택을 보게 될 일반적인 의학 기술이라고 할 수 있겠지요. 그래서 미국, 영국 등의 선진국에서는 줄기세포 연구를 위해 법과 제도를 개선하고, 국가적 혹은 민간 지원을 통해 이 분야에 경쟁적으로 투자하고 있어요. 그만큼 연구 결과에 따른 경제적 가치도 무시할 수 없는 것이겠지요.

뿐만 아니라 줄기세포는 신약 개발에서부터 질병 메커니즘과 발생학 연구에 이르기까지 생명과학의 다양한 분야에 활용할 수 있어요. 신약이 개발되면 일반적으로 동물을 질병에 감염시킨 뒤 새로운 치료제를 시험해보는데, 이는 시간도 오래 걸리고 동물을 희생시키기 때문에 윤리적 논란이 끊이지 않고 있지요. 그런데 인간의 줄기세포를 간이나 심장 등의 다양한 세포로 분화시켜 신약을 투여하는 실험을 하면 비용과 시간을 줄일 수 있고 동물 실험을 하지 않고도 그 효과를 알 수 있어요.

물론 아직까지는 배아 줄기세포를 치료용 세포로 분화시켜 순수하게 분리하는 기술이 완전히 개발된 것은 아니며, 테라토마와 같은 종양 발생을 극복해야 하는 따위의 문제가 남아 있어요. 그러나 하루가 다르게 변하는 생명과학 분야의 발전 속도를 가늠해볼 때 이와 같은 문제는 곧 극복될 것이라고 해요. 또 성체 줄기세포나 유도 줄기세포 연구는 생명윤리 문제를 비켜가는 장점이 있으나, 인체의 모든 세포로 분화될 수 있는 가능성과 무제한 복제 능력을 지닌 배아 줄기세포 연구가 줄기세포 연구의 핵심이라는 주장이 만만치 않아요.

인류가 불을 사용하기 시작한 이후 과학은 계속 발전해왔어요. 그 결과가 인류에게 편리함과 행복을 가져다주기도 했고, 때로는 재앙이 되기도 했지요. 어떤 생명과학자는 "생명공학은 멈추면 쓰러지는 자전거와 같아서 우리가 할 수 있는 일이란 자전거 핸들을 올바른 방향으로 향하게 하고, 그 속도를 조절하는 것"이라고 말했어요. 의학의 진보와 경제적 부가가치 선점이라는 세계적 흐름 속에서 진행되는 배아 줄기세포 연구는 멈추지 않고 굴러가는 자전거와 같을지도 모릅니다. 그래서 이 분야의 과학자들은 우리 사회가 배아 줄기세포 연구를 위한 환경을 마련해주기를, 즉 가능한 한 생명윤리를 훼손하지 않고 투명하게 연구가 진행될 수 있는 제도적 장치를 마련해주기를 한목소리로 바라고 있어요.

거꾸로 가는 생체시계

어떤 과학자가 자신의 연구 성과의 후속 연구에 대한 규제를 스스로 요청한 일이 있었어요. 인간 유도 줄기세포 생성을 성공시킨 교토 대학의 야마나카(Shinya Yamanaka) 교수는 생명윤리 문제 논의를 위한 일본 정부위원회에 참석해 역분화 연구에 대한 규제의 필요성을 강조했다고 하네요.

줄기세포로부터 피부세포나 신경세포 등 우리 몸을 구성하는 각종 체세포를 만드는 기술을 분화 기술이라고 해요. 그럼 역분화 기술은 무엇일까요? 분화의 역과정, 즉 이미 분화되어 자란 체세포로부터 생체시계를 거꾸로 돌려 줄기세포를 만드는 기술이에요. 2006년, 일본 교토 대학의 연구진은 줄기세포에서만 다량으로 발현되는 유전자들 중 역분화에 필요한 유전자 4개를 찾아내는 데 성공해, 이 유전자들을 쥐의 피부세포 핵 속에 주입해 줄기세포를 만들었어요. 2007년에는 이 역분화 기술을 이용해 사람의 줄기세포를 유도하는 데도 성공했죠.

역분화 기술로 얻은 유도 줄기세포는 체내 여러 종류의 세포로 분화되는 능력을 갖고 있어 배아 줄기세포와 같은 특성을 지닌다고 해요. 이를 특정 세포로 분화시켜 환자에게 이식하면 자신의 체세포를 이용한 것이기 때문에 면역 거부 반응이 없을 거라는 점에서 성체 줄기세포의 장점도 가지고 있지요. 뿐만 아니라 이 연구는 배아 줄기세포 연구에서 문제가 되었던 복제 인간 문제 및 난자나 배아를 파괴한다는 윤리적 문제로부터도 자유로운 상황이에요.

야마나카 교수의 역분화 기술 연구는 기존의 배아 복제 연구에 대한 윤리적인 대안으로 떠오르고 있다.

그러나 아직 역분화로 만든 유도 줄기세포가 배아 줄기세포와 완전히 같은 것인지에 대해서는 많은 검증이 필요해요. 또 이 기술은 유전자 삽입을 위해 바이러스를 사용하기 때문에 질병 감염이나 암 발생 등의 위험 요소를 갖고 있어요. 그럼에도 많은 나라들이 역분화 연구에 대대적인 투자와 지원을 하고 있고, 생명공학자들도 유도 줄기세포 개발로 연구 방향을 바꾸고 있어요. 그것은 이 연구를 기존의 배아 복제 연구에 대한 윤리적인 대안으로 보기 때문이에요.

그런데 야마나카 교수는 무엇을 규제하려고 했을까요? 역분화 기술의 원리를 이용하면 정자와 난자도 인간의 피부세포에서 만들 수 있다는 의미예요. 줄기세포 유도에 그치지 않고 그 단계를 넘어 인간의 탄생으로 이어지는 연구가 진행될 수도 있겠지요. 이러한 가능성을 염두에 두고 이를 금지하는 규제를 조속히 마련해야 한다고 말했던 거예요.

이처럼 후속 연구가 흘러가게 될 방향까지 고민하는 연구자의 책임 있는 생명윤리 의식이 그 어느 때보다 필요한 시점인 것 같아요.

뉘른베르크 강령

1945년 10월, 2차 세계대전이 끝난 후 전범 중 특히 무자비한 인체 실험을 자행했던 나치의 의사 및 과학자들을 재판하기 위해 독일의 뉘른베르크에서 재판이 열렸다. 당시 나치의 의사들은 수용소의 유대인들과 전쟁 포로들을 대상으로 잔인한 인체 실험을 한 것으로 악명이 높았다. 이들을 재판하는 과정에서 인체 실험의 적절한 기준에 대해 정의를 내릴 필요가 있었다. 이에 인체 실험의 윤리적 가이드라인을 제시하는 뉘른베르크 강령 10개 조항이 만들어졌다.

1 인체 실험 대상자의 자발적 동의는 절대적으로 필수적이다. 이것은 실험 대상자가 동의를 할 수 있는 법적 능력이 있어야 한다는 의미이며, 어떠한 폭력, 사기, 속임, 협박, 술책의 요소가 개입되지 않고, 배후의 압박이나 강제가 존재하지 않는 가운데 스스로 자유롭게 선택할 수 있는 권한이 주어진 상태여야 하며, 이해와 분명한 지식에 근거한 결정을 할 수 있도록 충분한 지식과 주관적 요소들에 대한 이해를 제공해야 한다는 의미다.
후자를 충족시키기 위해서는 실험 대상자가 내린 긍정적인 결정을 받아들이기 전, 그에게 실험의 성격, 기간, 목적, 실험 방법 및 수단, 예상되는 불편 및 위험, 실험에 참가함으로써 뒤따를 수 있는 건강 혹은 개인에게 미칠 영향에 대해 알려야 한다.
동의의 질(質)을 보장하기 위한 의무와 책임은 실험을 시작하고 지도하며 참여하는 개인에게 있다. 이것은 타인에게 법적인 책임을 지지 않고서는 위임할 수 없는 개인적 의무이자 책임이다.

2 연구는 사회의 선(善)을 위하여 다른 방법이나 수단으로는 얻을 수 없는 가치 있는 결과를 낼 만한 것이어야 하며, 무작위로 행해지거나 불필요한

연구이어서는 안 된다.

3 연구는 동물 실험 결과와 질병의 자연 경과 혹은 연구 중인 여러 가지 문제에 대한 지식에 근거를 두고 계획되어야 하며, 예상되는 실험 결과가 실험 수행을 정당화할 수 있어야 한다.

4 연구는 불필요한 모든 신체적, 정신적 고통과 상해를 피하도록 수행되어야 한다.

5 사망이나 불구를 초래할 것이라고 예견할 만한 이유가 있는 실험의 경우에는 의료진 자신도 피험자로 참여하는 경우를 제외하고는 시행되어서는 안 된다.

6 실험에서 무릅써야 할 위험의 정도가 그 실험으로 해결될 수 있는 문제의 인도주의적 중요성보다 커서는 안 된다.

7 손상과 장애, 사망 등 매우 낮은 가능성까지 대비해서 피험자를 보호하기 위한 적절한 준비와 적합한 설비를 갖추어야 한다.

8 실험은 과학적으로 자격을 갖춘 사람만이 수행하여야 한다. 실험에 관련되어 있거나 직접 수행하는 사람은 실험의 모든 단계에 있어서 최고의 기술과 주의를 기울여야 한다.

9 실험을 하는 도중에 피험자는 자기가 육체적, 정신적 한계에 도달했기 때문에 더 이상 실험을 못하겠다는 생각이 들면 실험을 끝낼 자유를 가진다.

10 실험 과정에서, 실험을 주관하는 과학자는 자신에게 요청된 성실성, 우수한 기술과 주의 깊은 판단에 비추어, 실험을 계속하면 피험자에게 손상이나 불구 또는 사망을 초래할 수 있다고 믿을 만한 이유가 있으면 어떤 단계에서든지 실험을 중단할 준비가 되어 있어야 한다.

김옥주, '뉘른베르크 강령과 인체 실험의 윤리', 《의료 · 윤리 · 교육》 제5권 제1호, 2002년.

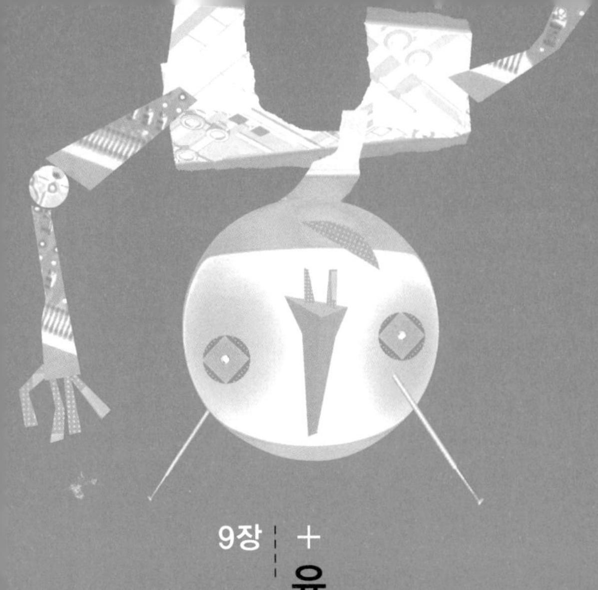

9장

유전자 조작의 유혹

: 유전자 조작 식품

농부 슈마이저

캐나다의 대평원에서 3대에 거쳐 47년간 농사를 지어온 농부 퍼시 슈마이저(Percy Schmeiser)는 1998년 8월, 미국의 거대 농업 생명공학 기업인 몬산토(Monsanto) 사로부터 날아온 고소장을 받는다. 내용은 슈마이저의 밭에서 몬산토 사의 대표적 특허 작물인 '유전자 조작 캐놀라'가 자라고 있어, 특허권을 침해했으므로 그에 대한 보상을 하라는 것이다. 슈마이저는 자신이 수확한 '일반 캐놀라의 종자'를 보관했다가 이듬해 다시 심어 재배하는 전통적인 방식을 고수해왔다. 자연적 교배에 의해 캐놀라 종자를 개발해 농사를 지어온 69세의 농부가 어디에서 와서 어떻게 자라게 되었는지 알 수 없는 유전자 조작 유채로 인해 고소를 당한 것이다.

몬산토 사는 제초제와 종자를 파는 기업이다. 제초제는 잡초를 제거하는 데 사용되는 약으로 약을 뿌린 지역의 풀을 모두 없애는 종류도 있고, 선택적으로 특정 풀을 없애는 종류도 있다. 그중 몬산토 사에서 개발된 라운드업은 모든 풀을 없애는 강력한 제초제였다. 함께 판매되는 캐놀라 종자는 라운드업 제초제에 내성을 갖도록 유전자를 조작한 제초제 저항성 작물이었다. 몬산토 사의 캐놀라 종자를 산 농부라면 그 종자를 제외한 나머지 잡초는 다 죽여주는 제초제 라운드업을 살 수밖에 없었다.

슈마이저의 죄목은 몬산토 사의 유전자 조작 캐놀라를 훔친 죄였다. 슈마이저는 자신의 밭에 자라는 유전자 조작 캐놀라가 자신이 심은 것이 아니므로 무죄라고 주장했으나, 몬산토 사는 슈마이저에게 특허권을 침해한 댓가로 40만 달러를 배상하라고 요구했다. 이에 맞서 슈마이저도 몬사토 사가 자신의 밭에 무단 침입한 것과, 자신을 종자 도둑으로 몰아 명예를 훼손한 것, 그리고 유전자 조작 캐놀라가 자신의 밭을 오염시킨 것에 대한 보상으로 천만 달러를 요구하는 맞소송을 냈다.

이 사건이 유전자 조작 작물들의 특허권을 지키기 위해 매우 중요한 선례가 될 것이라고 판단한 몬산토 사는 슈마이저와의 소송에 이기기 위하여 전력을 다했다. 24명의 증인을 세우고, 슈마이저의 밭 8군데에서 채취한 샘플 등을 증거로 제시하면서 경작지의 90퍼센트에 달하는 곳에서 유전자 조작 캐놀라가 재배되고 있다고 주장했다. 이는 슈마이저가 1997년 추수기에 유전자 조작 캐놀라를 수확한 다른 농부로부터 불법적으로 종자를 구입해 자신의 밭에 심었다는 것을 증명하는 증거라는 것이다. 그러나 이 조사는 독립된 연구 기관에서 이루어진 것이 아닌, 몬산토 사에 고용된 연구 기관이 수행한 것이었다.

반면 슈마이저는 마니토바 대학 연구소에 의뢰해 신빙성 있는 조사를 받았다. 그리고 그의 밭의 어떤 곳에서는 일반 캐놀라만, 어떤 곳에서는 68퍼센트의 유전자 조작 캐놀라가 자라고 있다는 조사 결과를 법정에 증거로 제시했다. 이 증거는 슈마이저가 의도적으로 유전자 조작 캐놀라를 심은 것이 아니며, 그의 밭을 몬산토 사의 종자가 오염시켰음을 의미하는 것이었다.

슈마이저는 "바람에 꽃가루가 날리고 씨앗이 날리는 것을 농부가 억제할 수 있는가?", "벌과 새들이 꽃가루를 운반하고, 동물에 의해 씨앗이 퍼져 나가는 것을 사람이 막을 수 있는가?" 하고 자연적으로 꽃가루나

슈퍼 울트라 초강력 농작물이 나가신다

종자를 통해 퍼져 나가는 유전자 조작 작물에 의해 피해를 본 것은 자신이며, 이런 일이 일어나지 않도록 조치를 취하지 않은 몬산토 사는 자신에게 입힌 경제적인 피해를 보상해야 한다고 주장했다.

2001년 3월 29일, 앤드류 맥케이(Andrew McKay) 캐나다 연방 법원 판사는 슈마이저의 고소를 기각하고, 슈마이저가 몬산토 사의 독점 특허권을 침해했다는 이유로 배상할 것을 판결했다. 그 이유는 바람에 의해 밭에 날려 온 꽃가루로 수정된 종자가 농부의 소유가 되는 것은 맞는 이야기지만, 그 꽃가루가 유전자 조작된 작물의 것이라면 그것은 그 유전자 조작 작물을 개발한 회사의 소유물이기 때문이라는 것이었다. 똑같은 자연의 번식 과정을 자의적으로 해석한 판결의 이유는 도무지 납득하기 어려운 것이었다. 자연적으로 그의 농장에 들어와 자라고 있는 유전자 조작 캐놀라는 순수한 캐놀라의 판로를 막는 치명적 피해를 슈마이저에게 줄 수 있음에도 불구하고 법원은 몬산토 사의 손을 들어준 것이다. 이것이 오늘날 거대 농업 생명공학 기업 앞에 서 있는 힘없는 농민들의 현실이다.

이 판결에 승복할 수 없었던 슈마이저는 곧바로 항소했는데, 2002년 5월 15일 연방 고등 법원에서도 슈마이저의 항소를 기각하고, 몬산토 사의 손을 들어주었다. 이에 슈마이저는 캐나다 최고 법원에 다시 항소했다.

2004년 5월, 캐나다 최고 법원은 몬산토 사의 종자 통제권은 인정하나, 슈마이저가 이를 통해 어떤 경제적 이득도 얻지 않았으므로 배상할 필요는 없다고 판결을 내렸다. 만약 슈마이저가 불법적으로 유전자 조작 캐놀라를 취득해 심었다면 당연히 제초제 라운드업도 사용했을 것이고,

그랬다면 그의 밭에 있던 일반 캐놀라는 다 죽었을 것이다. 그러나 밭에는 유전자 조작 캐놀라와 일반 캐놀라가 함께 섞여 자라고 있었다. 이것은 유전자 조작 캐놀라 꽃가루나 종자가 슈마이저가 알지 못하는 사이에 밭에 들어와 일반 캐놀라를 오염시켰다는 명백한 증거가 된다. 이를 인정한 캐나다 최고 법원은 슈마이저와 몬산토 사의 싸움에 무승부를 선언한 것이다.

이 논쟁은 국경을 넘어 퍼져 나가서 15개국이 유전자 조작된 캐놀라의 수입을 금지하게 되는 결과를 낳았다. 호주는 몬산토 사의 소송 제기로 명백해진 유전자 오염 사고가 피할 수 없는 사태임을 들어 캐나다산 캐놀라를 전부 수입금지 조치했다.

거대 기업에 맞서 농부의 권익을 지키고, 나아가 유전자 조작 작물에 의한 생태계 오염을 막는 작은 노력, 그러나 너무나 힘든 싸움을 했던 슈마이저는 이렇게 말했다.

"내가 차라리 어부가 되었으면 좋았을 것을……."

뒷 이야기

2005년, 슈마이저는 그의 밭에서 자라고 있는 몬산토 사의 유전자 조작 캐놀라를 발견하고 곧바로 아내와 함께 그것들을 뜯어내고 제거했다. 그리고는 몬산토 사에 600달러 가량의 유전자 조작 캐놀라 제거 비용을 청구했다. 몬산토 사는 슈마이저가 요구한 금액을 그대로 배상하겠다고 하면서, 대신 이 일에 대해 슈마이저가 비밀 유지 계약에 서명할 것을 요구했다. 그러나 이 일이 유전자 조작 작물의 침범으로부터 농민의 권리를 지킬 수 있는 선례가 될 것이라고 생각한 슈마이저는 비밀 유지 계약을 거절했다. 2008년 3월 19일, 비밀 유지 계약 없이 슈마이저는 그가 요구했던 배상액을 그대로 몬산토 사로부터 받을 수 있었다.

1998년, 처음 유전자 조작 캐놀라 사건에 휘말린 때로부터 딱 10년 만에 골리앗 몬산토의 지난한 싸움의 터널 끝에서 슈마이저가 진정으로 승리하게 된 것이다.

GMO, 먹어야 할까요, 먹지 말아야 할까요?

따르릉…….

전화를 거는 주부들의 손이 분주합니다. 주부들을 중심으로 한 인터넷 카페의 회원들이 식품업체들에게 부지런히 전화를 걸더니 'GMO 프리 선언'을 해달라고 말하네요. GMO 프리 선언은 유전자 조작 식품(GMO, Genetically Modified Organisms)을 사용하지 않겠다는 거예요.

어떤 한 종으로부터 필요한 유전자를 잘라내 다른 종에 삽입해 만든 생명체를 유전자 조작 생명체라고 해요. 벼나 감자, 옥수수, 콩 등의 농작물을 유선자 조작하면 '유전자 조작 작물'이라 부르고, 이 농산물을 가공하면 '유전자 조작 식품'이라고 불러요.

국제 곡물 가격이 크게 오르면서 2008년 5월부터 우리나라에도 유전자 조작 옥수수가 수입되기 시작했어요. 그러자 우리의 먹을거리가 더 이상 안전하지 않다고 생각한 주부들이 나선 거예요.

유전자 조작 식품이 싫으면 안 먹으면 되지, 왜 그리 요란을 떠냐고요? 여기에는 여러 가지 문제가 있답니다. 먼저, 어느 제품에 유전자 조작 작물을 원료로 썼는지 제대로 표시해야 소비자들이 선택을 하겠지요? 그런데 현재 우리나라는 식품의 재료 중 상위 5개까지만 기재하도록 되어 있어요. 함유량이 3퍼센트 미만인 재료는 유전자 조작 작물 여부를 표기하지 않아도 돼요. 그러니 소비자들은 어떤 원료가 들어갔는지 정확히 알 수 없어요.

게다가 우리가 사 먹는 가공식품의 경우 대부분 유전자 조작 작물을 사용하고 있어요. 예를 들어 과자에는 거의 옥수수 전분이 들어가는데,

대부분 값싼 수입산을 사용해요. 물론 수입된 옥수수는 거의 미국의 광활한 농토에서 기계로 재배된 유전자 조작 옥수수고요. 옥수수 전분이 들어가는 식품은 무척 많아요. 맥주, 간장, 고추장 등등. 특히 아이들이 좋아하는 과자에는 옥수수 전분이 많이 들어간답니다. 그러니 주부들로서는 걱정을 안 할 수가 없겠지요. 어린이, 청소년들의 건강과 직결되니까요. 그럼 이러한 유전자 조작 식품을 먹어야 할까요, 먹지 말아야 할까요?

식량 부족 vs 식량 분배

2008년, 세계 인구는 66억 명을 넘어섰어요. 유엔 식량농업기구(FAO)에 따르면 현재 8억 5천만 명이 만성적인 영양실조 상태에 있다고 해요. 하루에 5만 명 이상이 기아나 기아로 인한 질병으로 죽어가고 있는 상황이지요. 유엔은 세계 인구가 2025년에 78억 명, 2050년에 90억 명이 넘을 거라고 예측하고 있어요. 이대로라면 미래에는 식량 부족으로 어려움을 겪는 사람들이 더 많아질 거예요.

과거에도 식량 위기를 극복했던 적이 있어요. 1950~1970년대에 농기계, 화학비료, 살충제 등이 개발되어 농업 생산력이 크게 늘어났기 때문이에요. 이것을 '녹색혁명'이라고 불러요.

그렇지만 이러한 식량 증산도 1990년대가 되면서부터는 거의 멈추고 말았어요. 농업 분야에 대한 투자가 줄어들면서 더 이상 기술 혁신이 진전되지 않았고, 화학비료나 살충제, 제초제 등을 너무 많이 쓰다 보니 땅이 산성화되고 황폐해져서 오히려 생산량이 떨어지게 된 거예요. 여기에

다 도시화와 개발로 인해 농지가 줄어들고, 가뭄 · 홍수 등의 기상 이변과 토양의 침식, 사막화, 물 부족 등의 문제도 한몫을 하고 있다고 해요.

농업 생명공학계에서는 세계적인 식량 위기를 극복하기 위해서는 유전자 조작 작물을 개발해야 한다고 주장해요. 미국을 비롯한 선진국에서는 농업 생명공학 기술을 발전시키기 위해 대규모 투자를 하고 있어요. 유전자 조작으로 생산량을 늘리고 다양한 기능을 갖춘 작물을 생산하면, 영양실조와 기아로 고통받고 있는 사람들을 구할 수 있다는 거지요.

글쎄요, 정말 그럴까요? 수많은 사람들이 기아로 죽어가는 것이 식량 부족 때문이라면 식량 생산량이 인구 증가보다 더 빠른 속도로 증가해 왔다는 유엔 식량농업기구의 통계는 어떻게 된 걸까요? 유엔 세계식량계획(WFP)에 따르면, 세계는 이미 전 세계 인구에게 적절한 영양을 공급할 수 있는 식량의 1.5배를 생산하고 있다고 해요. 식량이 부족한 것은 아니라는 이야기네요.

그렇다면 기아가 발생하는 이유는 무엇일까요? 그것은 식량이 제대로 나눠지지 않고 있기 때문이라고 해요. 기아의 진짜 원인은 식량 부족이 아니라, 식량을 살 돈이 없는 가난한 사람들이 자꾸 생기는 세계 경제 구조라는 것이지요. 현재 세계 인구 중 10억 명이 비만이라고 해요. 그런가 하면 10억 명이 기아와 영양실조 등으로 고통받고 있어요. 10억 명의 비만인과 10억 명의 기아…….

세계식량회의(WFC)에서는 이 문제를 해결하는 방안으로 후진국에서는 인구 증가를 억제하고, 선진국에서는 곡물을 사료로 사용하는 것을 줄이자는 얘기가 나온 적이 있어요. 그런데 곡물을 사료로 사용하는 것을 줄이자는 건 무슨 말일까요? 지금 지구에서는 전체 곡식의 40퍼센트가 가축용 사료로 사용되고 있어요. 그러니까 육식을 즐기는 선진국 사람들을 위해 소모되고 있는 사료 곡물의 일부만 절약해도, 다시 말해 육식을 줄이면 기아 문제를 해결할 수 있다는 얘기예요. 더구나 요 근래에는 미국, 브라질 등에서 옥수수로 에탄올을 생산하는 바이오 산업이 활발해지면서 사람의 입으로 들어가야 할 곡식이 연료를 만드는 데 쓰이고 있어요.

사정이 이런데도 다국적 기업들은 유전자 조작 작물 개발에 박차를 가하고 있어요. 그게 세계 식량 위기를 해결하는 방법이라나 뭐라나……. 예전에는 녹색혁명을 주도하면서 비료, 제초제, 살충제 등의 석유 화학제품을 팔아 돈을 벌더니, 이제는 유전자 조작 작물로 돈을 벌어보자는 속셈이 아닌지 의심스러워요.

어쨌든 다국적 기업들이 주도적으로 개발하고 있는 유전자 조작 작물이 과연 세계의 식량 위기를 해결할 수 있을지 의문이에요. 그럼 먹지 말아야 하나요?

농민을 살리는 길 vs 농민을 죽이는 길

유전자 조작 작물을 많이 소비해야 농민들이 잘살게 된다고 주장하는 사람들도 있어요. 1세대 유전자 조작 작물, 즉 제초제나 해충에 강한 저항성을 가진 유전자 조작 작물들은 농민들의 건강을 생각하고 일손을 덜어주는 게 개발 목적이었답니다. 예를 들어, 제초제를 뿌렸을 때 다른 식물들은 다 죽지만, 제초제에 저항성이 강한 유전자 조작 작물은 죽지 않기 때문에 농민들은 제초제 사용량을 줄이면서도 잡초에 의한 피해를 줄일 수 있다는 거예요. 뿐만 아니라 제초제 사용을 줄이면, 제초제로 인한 토양 오염과 수질 오염 등 환경 오염도 줄이는 효과를 얻게 된답니다. 세계적인 종자 기업이자 농화학기업인 몬산토 사는 자사의 제초제인 '라운드업'을 뿌려도 죽지 않는 콩, 옥수수, 사탕수수 등의 '라운드업 레디 작물'들을 만들었는데, 이것을 재배하면 제초제 사용량을 39퍼센트 이상 줄일 수 있다고 해요.

또 해충의 피해를 입지 않도록 스스로 살충 성분을 만들어내는 해충 저항성 작물들이 개발, 생산되고 있어요. 토양 박테리아인 바실루스 스링기엔시스(Bt, Bacillus thringiensis)는 해충이 먹었을 때 소화기관을 파괴해 죽게 하는 독성 물질을 만들어요. 이 바실루스 스링기엔시스 박테리아로부터 유전자를 분리해내 식물에 주입해 만든 유전자 조작 작물이 해충 저항성 작물(Bt 작물)이에요. 해충 저항성 작물을 재배하면 더 이상 독한 농약을 뿌릴 필요가 없게 되는 거지요. 농민들이 농약을 뿌리지 않게 되면 농사짓기가 한결 수월해질 거예요.

이처럼 현재 생산되는 유전자 조작 작물의 대부분을 차지하는 제초제나 해충 저항성 작물들은 농민의 건강을 지키고 편하게 농사를 지을 수 있도록 개발된 것들이며, 이런 유전자 조작 작물의 재배는 농화학 제품들로 인한 환경 오염을 줄여, 지속 가능한 농업을 정착시키게 될 것이라고 합니다. 그럼 유전자 조작 작물을 더 많이 먹어야겠네요? 과연 그럴까요?

선진국에서는 제초제를 많이 사용하지만 후진국에서는 제초제를 그다지 많이 사용하지 않아요. 후진국에서는 인건비가 싸기 때문에 자영농은 말할 것도 없고, 큰 농장에서도 사람을 사서 직접 손으로 잡초를 뽑는 것이 더 경제적이거든요. 그런데 만약 제초제를 사용하지 않던 제3세계 농민들까지 제초제 저항성 작물들을 재배하게 된다면, 전 세계적으로 제초제 소비량이 늘어날 거예요. 제초제 사용을 줄일 수 있다는 기업들의 주장과는 반대로 말이지요. 결국 제초제 저항성 작물의 개발이 농민들의 제초제 사용을 줄이고 환경을 보호하기 위한 것이라는 설명은 믿기 어려운 이야기가 아닐까요?

그럼 해충 저항성 작물은 어떨까요? 여기에도 문제가 있어요. 바실루스 스링기엔시스는 자연 살충제로, 현재 많은 농민들이 사용하고 있어요. 그런데 만약 해충 저항성 작물들에 의해서 해충이 내성을 지니게 되면, 이제 농민들은 진짜 화학 살충제를 사용할 수밖에 없게 되겠지요. 결국 유전자 조작 작물을 심지 않은 농민들도 피해를 보게 되고요. 내성을 갖게 된 해충들이 해충 저항성 작물 밭에만 얌전히 있지는 않을 테니까요.

그래도 기업은 손해 볼 것이 없답니다. 내성이 생긴 해충들을 죽이는 새로운 화학 살충제를 개발해 농부들에게 팔면 되니까요. 그렇게 되면 농민들은 점점 자기 의사와 관계없이 새로운 살충제나 유전자 조작 작물을 살 수밖에 없어요. 종자 기업이나 농화학 기업에 대한 의존도가 커지는 셈이지요.

중요한 것 하나를 빠뜨렸군요. 몬산토 사에서 개발한 '라운드업 레디 콩'은 자사 제품인 제초제 '라운드업'에만 내성을 가지고 있답니다. 다른 회사 제초제를 뿌리면 '라운드업 레디' 종자들은 죽고 말아요. 그러니까 이 종자를 구입하는 농민은 제초제도 함께 살 수밖에 없겠지요. 결국 이런 유전자 조작 작물을 만들고 제초제도 함께 파는 종자 회사들에게 많은 이익이 돌아가게 돼요. 다국적 농화학 기업들이 생명공학 분야에 진출

몬산토 사에 반대하는 로고를 한 농부가 자신의 밭에 표시했다.

하면서 적극적으로 종자 회사를 인수, 합병했는데 다 이유가 있답니다. 생명공학 연구 결과를 최종적으로 상품화하려면 종자 회사가 필요하고 그것이 기업에게 많은 이윤을 가져다줄 것이기 때문이에요.

이렇게 살펴보니 유전자 조작 작물의 개발이 농민이나 환경을 위한 것이라고 보기는 어렵죠? 장기적으로는 오히려 농민들의 삶과 자연환경을 피폐하게 만들 뿐이에요. 정말 농민과 환경을 위한다면 식물의 유전자를 함부로 조작하는 연구와 실험, 재배를 중단하고, 화학물질을 사용하지 않으면서 토양을 비옥하게 하고 병해충의 피해를 줄이는 영농 방식을 연구하고 보급하는 데 힘써야 할 거예요. 이런 게 진짜 지속 가능한 농업이겠지요.

안전 vs 위험

이번에는 유전자 조작 작물이 과연 우리 몸에 안전한지 살펴볼까요?

유전자 조작을 반대하는 사람들은 유전자 조작으로 인해 완전히 새로운 돌연변이 작물이 탄생하는 것이기 때문에 위험한 물질이 생길지 모른다고 걱정해요. 알레르기를 유발할 수 있다고도 하고요. 또 유전자 재조합 과정에 쓰이는 항생제 내성 유전자가 사람의 장내 세균에게 항생제 내성을 갖게 할 수도 있다고 경고하고 있어요.

이런 우려들에 반대하는 생명공학계의 주장을 들어볼까요? 우선, 현재 개발된 유전자 조작 작물의 안전성 검사는 매우 정밀하고 철저하게 진행되기 때문에 염려할 필요가 없다고 해요. 물론 유전자 조작을 통해 이식된 유전자가 만드는 단백질이 식물체 내의 대사에 작용해서 의도하지 않은 해로운 물질을 만들어낼 수도 있어요. 이 때문에 미국 식약청(FDA) 등에서는 만성 독성 검사, 유전 독성 검사 등을 해요. 만성 독성 검사란 실험 동물에게 한 세대 이상에 걸쳐 장기적으로 투여해 관찰하는 것이고, 유전 독성 검사는 DNA나 유전자, 염색체 등이 손상되어 돌연변이가 일어나지 않는지를 검사하는 거예요. 이식된 유전자에 의해 만들어지는 단백질이 효소일 경우에는 2차 대사 산물이 생산될 수 있기 때문에 생장이 빠른 쥐와 같은 동물에게 지속적으로 먹인 후 어떤 영향이 나타나는지를 관찰한답니다. 쥐에서 나타나는 변화를 통해 인체에 어떤 영향을 줄지 판단하기 위해서죠. 이처럼 유전자 조작 작물에서 새로운 물질이 형성되지 않는지 다양하고 세밀한 검사를 하기 때문에 안전성은 의심할 여지가 없다는 거예요.

유전자 조작 작물은, 원하는 형질을 지닌 다른 개체와 수정한 후 여러 세대를 거쳐 나타나는 돌연변이를 이용하는 전통적 품종 개량 기술보다 더 안전하다는 주장도 있어요. 전통적인 육종은 야생종과 재배종을 교배시켜 쓸 만한 야생종의 유전자를 재배종으로 받아들이는 거예요. 이 과정에서는 원하는 유전자만 골라서 재배종으로 삽입시킬 수 없기 때문에 다른 유전자가 함께 들어오는 것을 피할 수 없어요. 반대로 생명공학 기술은 원하는 유전자만을 골라 정확하게 삽입시킬 수 있어요. 따라서 육종으로 개발되는 작물보다 유전자 조작 작물이 더 안전하다는 거지요.

전통적인 육종 과정에서는 야생종이 지닌 독성이나 알레르기를 일으키는 유전자가 함께 들어올 수도 있어요. 그런데 유전자 조작 작물은 알레르기 유발에 관한 검증 과정을 거치기 때문에, 지금까지 유전자 조작 자체가 원인이 되어 알레르기를 유발한 예는 없었다고 해요. 또한 유전자의 도입에 의해 농작물에 새로운 알레르기원이 생길 가능성도 없다고 하니, 소비자들은 유전자 조작 작물로 인해 알레르기를 일으킬 가능성이 전혀 없다는 거지요.

마지막으로 유전자 조작 작물에 유전자 재조합이 잘 이루어졌나를 검사하는 데 사용되는 '카나마이신(항생제의 일종) 내성 유전자'가 재조합 과정에서, 삽입된 유전자와 함께 최종적으로 식물에 남는 문제에 대해 알아볼까요. 이 식물을 먹은 사람의 장내 세균들이 항생제 내성을 갖게 될까봐 우려하는 것인데 유전자는 대부분 위장에서 효소나 위산에 의해 분해될 뿐만 아니라, 인체에서 식물의 유전자가 미생물에 이전되어 발현할 가능성은 거의 없다고 해요. 그러나 이런 우려가 계속 제기되자, 요즘에는 항생제 내성 유전자를 삽입하지 않거나, 삽입하였더라도 나중에 유전자 조작 작물로부터 제거하는 연구가 진행되고 있다고 하니 염려할 것 없겠지요. 이렇게 유전자 조작 작물은 여러 가지 엄격한 검사를 거친 후 소비자들에게 판매되기 때문에 어쩌면 세상에서 가장 안전한 식품일지도 모르겠네요. 그러나 과연 그럴까요?

1989년에 L-트립토판(L-tryptophan) 사건이 있었어요. L-트립토판은 필수아미노산의 하나로 식품 등에 단백질 성분을 강화할 때 사용하는 물질이에요. 일본의 화학 기업인 쇼와덴코에서 유전자 조작을 통해 생산한 L-트립토판이 미국으로 수출되어 건강식품의 원료로 사용되었어요. 그런데 이것을 먹은 사람들에게서 예기치 못한 부작용이 일어났어요. 38명이 목숨을 잃고, 수천 명이 심각한 근육 질환을 앓게 된 거예요. 문제를 일으킨 L-트립토판은 트립토판을 대량으로 생산할 수 있도록 유전자 조작된 세균의 일종인 고초균을 이용해 생산된 것이었어요. 이 사건을 조사한 연구자들은 트립토판 자체에는 독성이 없는데, 어떤 이물질이 혼입되어 근육 질환을 일으킨 것 같다고 보고했어요. 즉 유전자 조작된 고초균이 트립토판 이외의 다른 독성 물질을 만들었다는 거예요. L-트립토판의 경우처럼 유전자 조작이 과학자들의 의도와는 전혀 다른 결과를 가져올 수 있다고 해요.

농업 생명공학계에서는 유전자 조작 작물이 기존의 육종을 통해 개발되는 신품종과 다를 바 없으며, 오히려 더 안전하다고 소비자들에게 홍보하지요. 하지만 진실은 달라요. 둘 사이에는 분명한 차이가 있어요. 육종을 통한 품종 개량은 서로 같은 종, 혹은 비슷한 종끼리 교배시켜 잡종을 만들어내는 거예요. 하지만 유전자 조작은 자연의 섭리인 종의 벽을 허물고, 이질적인 종 사이에서, 나아가 미생물, 바이러스에까지 유전자 치환 범위를 넓힌 거예요.

2000년 독일의 예나 대학 연구팀은 유전자 조작된 유채 꽃가루를 먹은 벌의 장 속에서 유전자 조작된 DNA를 검출했어요. 유전자 조작 작물 속의 유전자가 이를 섭취한 동물과 사람에게 전이될 가능성을 과학적으로 입증한 셈이지요. 2002년 영국의 뉴캐슬 대학 연구팀도 해충 저항성 작물을 섭취한 사람의 장내 박테리아에서 Bt 유전자가 검출되었다고 보고했어요. 유전자 조작 식물의 재조합 유전자는 대부분 동물의 위에서 단백질 분해 효소나 위산에 의해 분해되기 때문에 이를 섭취한 동물의 몸에 전이되지 않는다는 생명공학계의 주장은 결국 희망사항에 지나지 않았던 것이지요.

유전자 조작 작물 자체가 독성을 지닐 수 있다는 연구 결과도 있어요. 1999년 영국의 로웨트 연구소의 푸츠타이(Arpad Pusztai) 박사는 유전자 조작 감자를 먹은 쥐들이 면역 이상과 성장 장애를 일으켰다고 보고했어요. 실험에 사용된 유전자 조작 감자에는 병충해에 대한 저항력을 높여주는 렉틴이라는 단백질이 들어 있었는데, 이 렉틴이 쥐의 위장과 점막을 손상시켰다는 거예요. 발표 직후 연구소는 푸츠타이 박사를 정직시키고 그가 연구 결과를 잘못 혼동한 것이라며 해명했지요. 하지만 조사 결과 박사의 발표 내용이 잘못되지 않았음이 밝혀졌어요.

또 미국의 몬산토 사가 개발한 유전자 조작 소 성장 호르몬(rBGH)은 송아지의 성장을 촉진하고 젖소의 우유 생산량을 20퍼센트 가량 늘려주는 대신 암을 유발할 수 있고, 소가 일찍 죽거나 유선염에 잘 감염된다는 보고가 있어요. 일리노이 대학에서는 rBGH를 투여한 소의 우유를 먹은 사람은 유방암과 대장암에 걸릴 위험이 있다는 논문이 발표되기도 했고요. 이 문제가 확산되자 스타벅스는 미국 매장에서 rBGH를 투여한 소로부터 얻은 유제품을 사용하지 않겠다고 발표했고, 유럽은 물론 미국과 가까운 캐나다 정부조차 1999년 이 호르몬의 사용을 금지했다고 해요.

정말 헷갈리네요. 그럼 유전자 조작 식품을 먹지 말아야 하나요?

그런데 경제를 위해서는 먹어야 한다는 주장도 있어요.

유전자 재조합 기술이 제일 먼저 산업적으로 응용된 분야는 의학 치료제 분야라고 해요. 당뇨병 환자에게 꼭 필요한 호르몬인 인슐린은 과거에는 기증받은 시신이나 가축 사체의 이자(췌장)에서 추출했기 때문에 값이 비싸고 면역 반응 등의 문제가 있었어요. 그런데 1978년, 사람의 인슐린 유전자를 대장균의 염색체에 끼워 넣어 대장균이 인슐린을 생산하도록 하는 방법이 개발되었어요. 이렇게 만든 인슐린은 1982년부터 '휴물린(Humulin)'이라는 이름으로 산업화되었어요. 이것이 제1호 유전공학 제품인 셈이지요. 그 덕분에 오늘날 당뇨병 환자들은 손쉽게 인슐린 치료제를 사용할 수 있게 되었어요. 동물의 이자에서 추출한 인슐린을 사용할 때는 병균 감염이나 면역 거부 반응의 우려가 있었지만 이제는 그런 걱정을 할 필요가 없어요.

또한 유전자 재조합 기술을 통해 B형, C형 간염 백신이 개발되었고, 말라리아, 에이즈 백신 등의 연구도 계속되고 있어요. 생명공학 기술을 통해 재래식 백신보다 더욱 안전하고, 인체의 면역성을 높여주며, 강력한 항원성을 지닌 백신이 생산될 거라고 해요.

1999년 우리나라에서도 유전자 조작을 통해 형질 전환된 흑염소 메디가 태어났어요. 토종 흑염소의 수정란에 사람의 G-CSF(백혈구 증식 인자) 유전자를 유전자 주입술로 이식해 형질 전환시킨 거예요. 메디의 젖에서 G-CSF를 생산할 수 있게 된 거지요. 한미약품에서 개발한 이 약품은 백혈병, 빈혈 등의 질병이나 골수 이식 등으로 인해 백혈구가 부족한 사람에게 투여된다고 해요.

2005년에는 생명공학 벤처 기업인 엠젠바이오가 같은 방법으로 G-CSF 유전자를 주입한 형질 전환 복제 돼지를 탄생시켰어요. 이 외에도 조혈모세포 생산 복제 돼지, 당뇨병 치료용 복제 돼지, 인간 면역 유전자를 가진 미니 돼지, 초유에 많이 들어 있는 항균 작용을 하는 락토페린을 생산하는 젖소 등 유전자 재조합 동물의 연구와 개발이 계속되고 있어요.

이렇게 의학 분야에서 질병을 치료하기 위해 사용하는 생명공학 기술을 우리가 먹는 농작물, 가축 분야에 적용해 개발한 것이 바로 유전자 조작 작물이에요. 생명공학 기술은 엄청난 경제적 이득이 걸려 있기에 선진국들이 앞다투어 투자하고 있어요. 우리가 유전자 조작 기술에 대해 이러저러한 편견을 가지고 연구를 늦추게 되면 농업, 의학, 생명공학 분야에서 선진국에 종속되고 말 것이라는 우려의 목소리도 크답니다.

이야기가 하도 왔다 갔다 해서 멀미가 나려고 하네요. 마지막으로 유전자 조작 작물과 환경의 관계에 대해서 마저 짚고 가지요.

2003년, 미국 위스콘신 주립대학은 유전자 조작 작물의 유전자는 주변 생태계로 쉽게 퍼져 나가 야생 식물의 생존을 위협하며, 유전자 조작 작물은 야생 개체군을 10~20세대 내에 없앨 수 있다고 밝혔어요.

1999년, 미국 코넬 대학에서는 면화 잎에 해충 저항성 옥수수의 꽃가루를 뿌려서 그 영향을 조사했다고 하네요. 실험 결과 4일 후 면화 잎을 먹은 모나크 나비 유충들의 44퍼센트가 죽었다고 해요.

박테리아인 Bt는 해충의 소화기관 안에서 소화액에 의해 활성화되어 독성을 갖게 되지만, 해충 저항성 작물은 이런 과정 없이 즉각적으로 식물의 몸에서 독성 물질을 생성한다고 해요. 그래서 유전자 조작된 해충 저항성 작물의 독성은 자연적으로 만들어지는 Bt 독성과 비교할 수 없이 해롭고, 해충뿐만 아니라 농경에 필요한 익충을 비롯한 수많은 곤충들과 토양 미생물들까지 죽게 해요. 2007년 KBS 〈환경 스페셜〉 제작팀은 인도의 Bt 목화밭을 취재했어요. 지난 3년간 이곳에서 방목한 양과 염소 수만 마리가 떼죽음을 당했기 때문이에요. 일반 목화밭에서 방목하는 가축들은 괜찮은데, Bt 목화밭의 가축들만 폐사한 원인이 Bt 목화 때문은 아닌지 농부들이 매우 불안해하고 있다고 해요.

2003년에는 제초제에 대한 내성을 가진 유전자 조작 농산물 재배지에서 비슷한 제초제 내성을 지닌 '강력한 슈퍼 잡초'가 발견되었어요. 미국 동부 델라웨어 주 유전자 조작 콩 재배지에서 처음 등장한 슈퍼 잡초는 메릴랜드 주, 캘리포니아 주, 중서부 옥수수 곡창 지대인 인디애나 주와 오하이오 주 등에서도 연달아 발견되고 있다고 하네요.

미국 인디애나 주의 퍼듀 대학 연구진은 메다카(Medaka)라는 민물고기의 배아에 인간의 성장 호르몬을 주입하는 실험을 했어요. 호르몬을 주입받은 메다카는 정상 메다카보다 성장 속도와 생식 시기가 훨씬 빨랐어요. 그런데 메다카 암컷은 유전자 조작된 몸집이 큰 수컷들과 교미를 하는 경향을 보였고, 정상적인 수컷들은 번식의 기회를 잃었어요. 더구나 유전자 조작 메다카의 생식 능력은 1세대에서는 뛰어나지만, 2세대부터는 생식 능력을 갖추기도 전에 일찍 죽는 현상이 나타났어요. 결국 유전자 조작 물고기는 정상적인 물고기의 번식을 막고 곧 자신도 소멸해버려 생태계가 파괴된다고 연구팀은 밝혔어요. 유전자 조작 생물이 기존의 생물을 도태시키고 생태계의 균형을 파괴할 것이라는 생명공학 반대론자들의 주장이 과학적으로 입증된 셈이에요.

Bt 유전자 검출이 많은 나라들

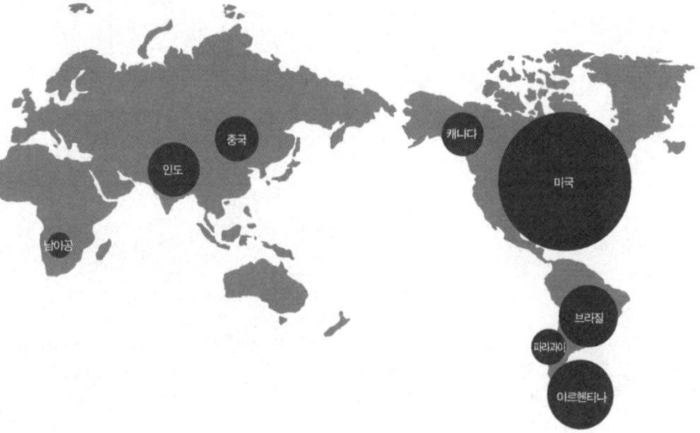

캐나다의 밴쿠버 해양 연구소에서는 연어의 뇌하수체에서 성장 호르몬을 추출해 유전자를 증폭시킨 후, 연어 알에 주입해 일반 연어보다 36배나 큰 연어를 얻는 데 성공했어요. 그런데 유전자 조작 연어들의 경우 머리 기형이나 근육, 장기 기능의 변형이 나타났어요.

이렇게 유전자 조작으로 만들어진 돌연변이 생물체들은 언제 어떻게 자연으로 유입되어 우리가 상상하지 못할 모습으로 생태계를 교란시킬지 알 수 없어요. 가장 치명적이고 위험한 것은 생태계 교란이 일어날 경우 인간의 힘으로는 회복시킬 수 없다는 거예요.

단순하게만 보았던 유전자 조작 작물과 관련해서 이렇게 다양한 입장과 과학적 사실이 숨어 있다는 게 놀랍네요. 그나저나 이제는 먹어야 할지, 말아야 할지 결정해야 하는데…… 여러분은 정하셨어요?

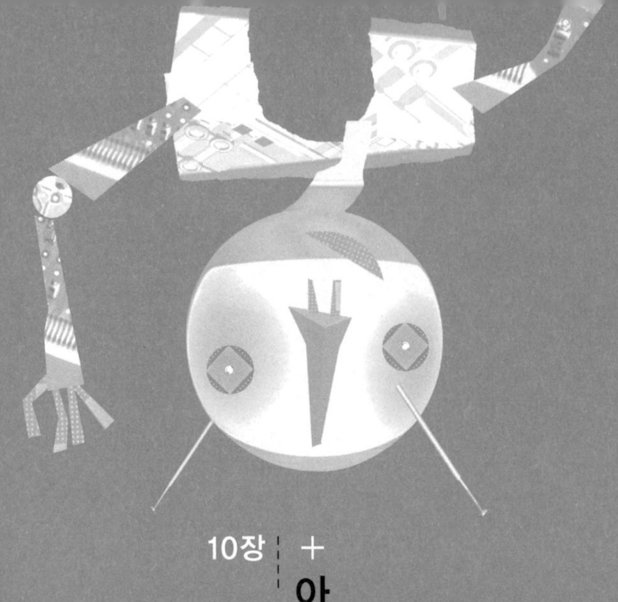

10장

아낌없이 주는 태양

지속 가능 에너지

"어, 바람이 안 불잖아. 재 자나 봐."

열 살쯤 되어 보이는 소녀가 꼬마 기차 앞에 서 있는 풍력 발전기를 가리키며 말한다.

"진짜. 큰일 났어. 하필이면 이런 날 바람이 안 불게 뭐야."

퉁퉁거리는 말투처럼 통통하게 생긴 녀석이 말을 받는다. 통통한 소년의 말이 끝나기가 무섭게 얼굴을 반쯤이나 가린 커다란 안경을 쓴 비쩍 마른 소년이 말을 가로챘다.

"지금은 지형에 의한 바람이 거의 불지 않는 시간이야. 바람이 불려면 산꼭대기와 계곡의 온도가 차이 나서 그것 때문에 기압 차이가 나야 하잖아. 그런데 지금은 아침이라 두 지역의 온도가 별로 다르지 않아. 한낮이 되면 계곡에서 산꼭대기로 바람이 불긴 할 거야. 물론 오늘은 전반적으로 대기가 무척 안정되어 있지만 말이야."

"알았어, 알았다고. 너 박사야. 근데 박사놀이는 그만해야겠다. 지금 급한 것은 오늘 밤 수업 시간에 사용할 노트북 전력을 구하는 거야."

통통한 소년이 정색을 하고 말한다.

"그거야 나도 알지. 노트북은 한 시간에 평균 90와트(W)의 전력을 소모해. 오늘 야간 수업은 두 시간짜리라고 했지? 그렇다면 90W×2h(시간)이니까 180와트, 약 200와트의 전력이 필요해. 억울한 건 그 전력을 한국전력에 연결된 기존 전선망에서 빼서 사용하면 500원도 안 든다는 거지. 아이스크림 하나 값도 안 돼."

"오빠, 말도 안 돼. 그렇게 싸? 우리가 지금 500원어치의 전력 때문에 고민하고 있다는 거야?"

"일일이 계산을 해줘야 믿겠니? 1킬로와트(kWh)당 최저 요금은 55.10원이고, 전기를 사용하는 가구의 기본 요금은 350원, 거기에다 부가가치세가 10퍼센트 붙으니까, 계산해보자고. (0.2kWh×55.10원+350원)+(0.2kWh×55.10원+350원)×10%=397.122원! 100원짜리 동전 4개만 있으면 뒤집어쓰고도 남는다는 거지."

"야, 누가 너랑 전기요금 계산하자고 그랬어? 그래, 네가 이야기한 대로 노트북은 한 시간에 90와트의 전력을 소모해. 그 전기요금은 아이스크림 하나 값도 안 돼. 하지만 우리는 지금 그 전력을 어떻게든 만들어서 축전지에 저장해놔야 오늘 밤 수업에 사용할 수 있다고. 그런데 믿었던 풍력 발전기가 돌아가지 않는단 말이야. 자, 다들 머리를 짜내 봐. 어떻게 200와트를 만들 수 있을까?"

"풍력 발전기만 쌩쌩 돌아갔으면 한 시간에 400와트도 만들 수 있는데. 정말 아깝다. 30분만 돌아갔어도 문제가 해결됐을 텐데."

아이들은 지금 '스스로 전력을 만들어 생활하는 날' 프로젝트 수업을 준비하는 중이다. 태양과 바람의 학교에서는 이런 소란이 드물지 않게 일어난다. 자, 이 아이들은 어떻게 노트북을 두 시간 동안 쓸 수 있는 전력을 구할까?

어느덧 아이들은 학교 지도를 펴놓고 머리를 맞대고 있다.

"오빠, 이것도 지워. 드럼통 욕조는 물을 조금만 쓰면서도 목욕을 할 수 있는 장치지, 전력을 생산하지는 못하잖아."

"그래, 태양열 조리기도 태양열을 모아서 음식을 하는 거니까 전력하고는 거리가 멀지. 아깝다. 거의 200도까지 온도가 올라가는 이 조리기에 모인 열로 전기를 생산하는 방법은 없을까?"

"없는 건 아니지. 그 열로 물을 끓일 수 있잖아."

"끓이면?"

"수증기가 나오잖아. 그 수증기로 계곡에 있는 양수 발전기의 수차를 돌려서 전기를 만드는 거야."

"그래? 오빠, 우리 빨리 물을 끓이자."

"안 돼. 그러려면 아주 많은 양의 물을 끓여야 하는데 우리 태양열 조리기로는 어림도 없어."

"야, 그럼 안 되는 걸 알면서 뭐하러 이야기해? 누구 약 올리는 거야!"

"전에 떡볶이 해 먹던 똥가스, 아니 메탄가스를 이용하는 방법은 없을까? 메탄가스도 연료니까 혹시 창고에 있는 발전기를 돌릴 수 있지 않을까? 석유 넣고 시동을 걸면 돌아가는, 옛날 발전기 말이야."

"안 될 건 없을 텐데, 그래도 그 발전기에 가스를 주입하려면 가스가 새지 않게 장치를 해야 되는데……. 우리한테는 고작 큰 통에 똥오줌을 집어넣은 다음 뚜껑을 덮고 거기에다 파이프를 연결해 만들어지는 메탄가스를 어른 키만 한 비닐봉지에 모아놓은 것뿐인데. 그 메탄가스를 어떻게 발전기에 주입하지?"

"그렇다면 남은 방법은?"

아이들은 약속이나 한 듯이 일제히 한군데를 쳐다본다. 교실 벽에 얌전히 세워져 있는 자전거 두 대. 그것은 달리는 용도의 자전거가 아니라 페달을 밟아 뒷바퀴를 돌리면 뒷바퀴 축에 달린 발전기의 회전자가 돌아가

Re.
New.
Able!

전기를 생산하게 되는 자전거 발전기다. 하지만 그 자전거 발전기를 바라보는 아이들의 눈빛이 영 내키지 않는 듯하다.

"이렇게 더운 날에……."

"어떻게 하지. 음, 난 키가 작아서 다리가 페달에 잘 안 닿아, 오빠."

"난 뚱뚱해서 더위를 엄청 타는데. 자전거 발전기를 돌리다 쓰러질지도 몰라. 난 심장이 약하거든."

하는 수 없이 아이들은 가위바위보로 순서를 정해서 자전거 발전기에 올라타기로 했다.

"그래도 이 자전거 뒷바퀴에 자석과 코일이 달려 있어서 직접 회전을 시키기만 하면 전기가 생산되니까 효율 면에서는 훨씬 좋지. 하지만 만들어지는 전기는 +극과 −극이 번갈아 바뀌거든. 그러니까 교류야. 하지만 우리가 전기를 저장해야 하는 축전지는 +극과 −극이 항상 일정한 직류거든. 그래서 자전거 발전기가 만들어내는 교류를 직류로 바꾸는 장치를 연결해야 해. 그걸 어려운 말로 정류기라고 불러."

안경잡이 녀석이 아는 체하며 말한다.

"야, 하지만 우리가 쓰는 노트북은 돼지 코 모양의 플러그를 꽂아서 쓰는 교류잖아. 축전지는 직류고. 그러면 어떻게 해."

뚱뚱이의 질문에 안경잡이는 신이 나서 한껏 목소리를 높인다.

"음음, 그렇지. 그래서 축전지와 노트북을 직접 연결하는 것이 아니라 인버터라는 기계를 사용해서 직류를 다시 교류로 바꿔서 사용하는 거야."

"오빠, 근데 왜 자전거 바퀴가 돌아가는데 전기가 만들어지는 거야?"

"이 자전거는 뒷바퀴가 발전기거든. 수력 발전은 높은 곳에서 낮은 곳으로 떨어지는 물이 발전기를 돌리는 것이고, 화력 발전이나 원자력 발전

파라볼라형 태양열 조리기 솔라 쿠커. 여러 조각의 반사판을 이어 붙여 커다란 포물면을 만들면 태양열을 모아 조리를 할 수 있는 조리기가 만들어진다.

은 물을 끓여서 나오는 수증기의 힘으로 발전기를 돌리는 것이고, 풍력 발전기는 바람의 힘으로 발전기를 돌리는 것이고, 자전거 발전기는 사람의 힘으로 돌리는 거야."

"아, 알았다. 킥보드도 바퀴에 발전기가 있잖아. 그래서 바퀴가 돌아가면 전기를 만들어서 불이 들어오는 거고."

퉁퉁이는 자신이 알아낸 사실에 무척 흡족한 듯한 표정이다.

이야기를 마친 아이들은 가위바위보로 순서를 정한다. 맨 처음 뽑힌 아이는 제일 어린 여자아이이다.

"그으래. 자, 이제 네가 자전거에 타는 거야."

"난 페달에 발이 안 닿아."

"그래서 준비했지. 여기 장갑."

"웬 장갑이야."

"손으로 페달을 돌려도 발전기는 돌아가거든……."

할 수 없다는 듯이 여자아이가 손으로 페달을 열심히 돌리기 시작한다.

발전기 계기판에 불이 켜지는 것을 본 남자아이들은 미소를 짓는다.

"아, 이제 미션 완성. 나는 페트병 온수기로 샤워나 하러 가야겠다. 낮 동안 검정색을 칠한 페트병 속의 물들이 따뜻하게 데워졌을 거야."

안경을 쓴 아이가 그렇게 말하고 어디론가 뛰어간다.

"야, 다음 차례는 나야. 물 조금만 써."

뛰어가는 아이의 뒤통수에 대고 통통한 아이가 소리친다. 여자아이는 충전기 전력계의 눈금을 다시 한 번 확인하고 있다.

"러시아가 그루지야를 침공했습니다. 그루지야가 남오세티야를 공격한 것에 대한 보복이라고 합니다. 현재 러시아 전투기가 투하한 기화폭탄으로 보이는 버섯구름이 그루지야에서 솟아오르고 있습니다. 러시아의 기갑사단이 국경을 향해 진격 중이며, 미국 3개 항모전단은 홍해로 이동 중이라고 합니다."

2008년 8월, 이런 뉴스가 날아들었지요. 그루지야는 러시아와 터키 사이에 있는 작은 나라입니다. 그루지야와 러시아 사이에는 또 남오세티야, 북오세티야라는 작은 나라가 있어요. 북오세티야는 러시아 영토에 속해 있고 남오세티야는 그루지야 영토에 속해 있는 자치공화국이에요. 그런데 남오세티야가 독립을 요구하자 그루지야는 독립을 인정하지 않고 남오세티야를 공격했어요. 그러자 러시아가 그루지야를 공격했고요.

그루지야 전쟁의 속사정은 에너지 독점권을 둘러싼 분쟁이다.

겉으로는 독립 요구 때문에 전쟁이 일어난 것처럼 보이지만, 속사정은 달라요. 유럽으로 가는 천연가스를 수송하는 수송관 때문이에요. 미국과 유럽연합은 에너지 공급처를 다양하게 확대하려고 중앙아시아 카스피 해 부근의 원전지대에서부터 그루지야를 거쳐 터키까지 연결되는 수송관을 건설하고 있어요. 러시아를 거치지 않기 때문에 이 수송망이 완성되면 러시아는 그동안 중동과 함께 미국과 서방 세계에 천연가스와 석유를 독점 공급해왔던 지위를 잃게 되지요. 그러니까 전쟁에 참가한 미국이나 러시아는 모두 오세티야 독립에는 크게 관심이 없어요. 수송관을 사수하느냐 마느냐, 천연가스 독점권을 유지하느냐 마느냐가 중요해요. 결국 전쟁을 일으킨 것은 검은 마왕이라 불리는 석유라고 할 수 있어요.

뉴스를 보면 중동 지역에서도 전쟁이 끊임없이 일어나고 있지요? 이것도 다 석유의 자유로운 공급권을 따내기 위해서 일어난 전쟁이랍니다. 중동 지역에는 전 세계의 약 80퍼센트 가량의 석유가 매장되어 있어요. 생산량도 전 세계의 40퍼센트나 된답니다. 그러니까 이 석유를 누가 얼마나 많이 손쉽게 쓸 수 있느냐가 중요한 관심사이고, 그래서 다들 발 벗고 나서고 있어요.

지금 우리가 사는 세상은 온통 석유가 지배하고 있어요. 그런데 석유는 무한정 있는 자원이 아니에요. 그래서 석유의 생산과 판매를 둘러싸고 여러 가지 정치적 입장과 이권이 개입되어 석유 값이 오르락내리락하는 거예요.

'더 이상 엘리펀트(Elephant, 코끼리)는 없다'라는 말이 있어요. 뜬금없이 웬 코끼리냐고요? 엘리펀트는 아주 규모가 큰 것을 비유할 때 쓰는 말인데, 여기서는 원유 매장량이 수십억 배럴에 이르는 초대형 유전을 일컬어요. 최근 대형 유전이 완전히 자취를 감추었어요. 적어도 지난 35년간 엘리펀트라고 부를 만한 대형 유전은 단 한 곳도 발견되지 않았어요. 이미 나올 건 다 나왔다는 의미인데, 그렇다면 석유 공급에 비상이 걸린 거지요.

석유, 석탄, 천연가스 같은 화석연료는 매장량이 얼마 남지 않았어요. 뿐만 아니라 화석연료의 과도한 사용으로 인해 전 세계가 온난화라는 기후 변화를 겪고 있어요. 한때 화석연료의 대안으로 떠오르던 원자력도 폐기물 처리 문제와 고온의 냉각수 배출에 따른 생태계 변화를 초래하고 있고, 우라늄 역시 매장량이 얼마 남지 않아 에너지 위기의 대안이라 할 수 없어요. 게다가 원자력 발전은 파괴력이 엄청나기 때문에 위험을 내포하고 있는 기술이에요. 핵폭탄은 두말할 것도 없고, 발전을 위해 만들어진 발전소 자체도 큰 위험을 가지고 태어났어요. 원자력 발전은 핵폭탄의 쌍둥이 동생인 셈이지요.

1979년 미국의 스리마일 핵발전소 사고, 1986년 구소련의 체르노빌 원자력 발전소의 원자로 폭발 사고, 1999년 9월 일본 이바라키 현 도카이무라의 우라늄 연료 처리 회사에서 발생한 방사능 유출 사고 등은 발생국뿐만 아니라 인접 국가들까지도 방사능 피폭의 두려움에 떨게 했지요. 그런 끔찍한 사고가 일어날 가능성 때문에 원자력을 화석연료의 대안으로 받아들이기는 쉽지 않답니다.

희망을 찾아서

그렇다면 자원 고갈과 기후 변화를 극복하는 방안으로 무엇이 있을까요? 하나는 전기 제품의 효율성을 높여 전기 에너지를 적게 사용하면서도 같은 양의 일을 하도록 하는 것, 또 하나는 영원히 고갈되지 않는 재생 가능 에너지를 보급하는 것이에요. 특히 최근에는 태양광 발전이나 풍

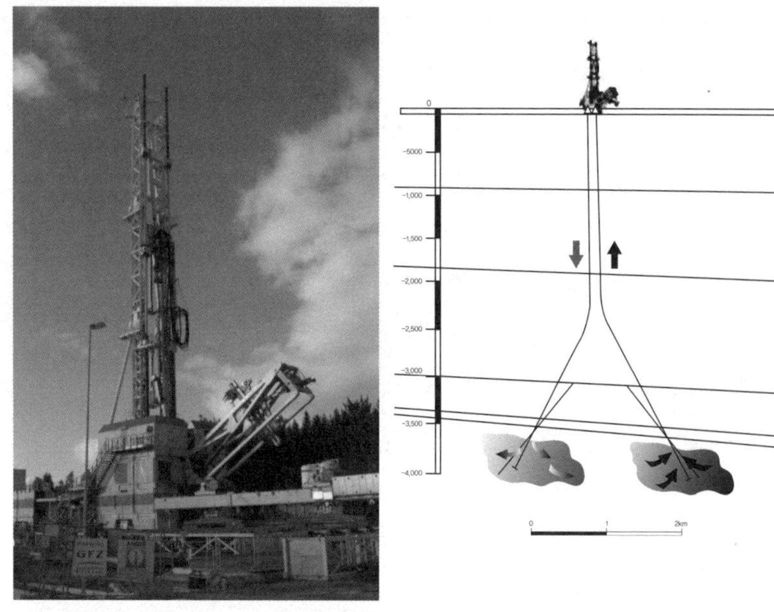

지열 발전을 위해 뜨거운 지하 암반수를 끌어 올리는 시추 장비 '이노바리그'의 모습(왼쪽). 오른쪽 그림은 지열 발전의 원리를 보여준다. 지열을 이용하기 위해서는 뜨거운 지하 암반수를 끌어 올리는 구멍과 난방이나 전기 에너지로 사용된 후 차가워진 물을 내려 보내는 2개의 구멍을 파야 한다.

력 발전 또는 바이오 에너지 등의 이용이 증가하고 있고, 일부 나라에서는 이러한 재생 가능 에너지가 기존의 화석연료를 대체할 가능성을 충분히 보여주고 있어요.

재생 가능 에너지(renewable energy)라는 말의 뜻풀이를 해볼까요? 're : 다시, new : 새로운, able : 할 수 있는'이라는 뜻이지요. 그러니까 햇빛, 물, 지열, 바람처럼 사용해도 다시 새로워져 원래 그대로 쓸 수 있는 에너지원을 뜻해요. 이 재생 가능 에너지는 온실가스 발생이 거의 없어 지구 온난화와 같은 걱정거리를 덜어줄 수도 있어요.

한때 대체 에너지라는 말이 유행처럼 쓰였어요. 대체 에너지는 석유 고갈에 대비한 대체 연료를 뜻해요. 그러니까 원래 중심이 되는 주된 에너지를 대체하는 매우 소극적이고 수동적인 의미가 담겨 있지요. 대체 에너지로 알코올, 식물성 기름, 어유(魚油), 석탄액화유 등이 주목받았어요. 원자력도 대체 에너지에 포함돼요. 그러나 최근 환경 문제가 불거지면서 화석연료와 달리 환경 친화적이고 무제한 공급할 수 있는 영구 자원을 뜻하는 재생 가능 에너지라는 말이 등장했어요. 더욱 적극적이고 주체적으로 에너지 문제를 해결하겠다는 의지가 담긴 용어지요.

그럼 재생 가능 에너지를 개발, 정착시키기 위해 세계 각국은 어떤 노력들을 하고 있을까요? 먼저, 독일로 가볼게요.

현재 독일은 세계에서 재생 가능 에너지 보급률이 눈에 띄게 증가하고 있는 나라 중 하나에요. 독일이 이렇게 재생 가능 에너지 강국이 된 것은 아헨이라는 도시에서 시작되었던 독특한 전력 매입 요금법 때문이에요. 1992년 당시 태양 전기를 보통 요금의 10배 가까운 1킬로와트당 2마르크(1유로), 풍력 전기를 0.4마르크(0.2유로)에 시에서 구입하도록 하는 제도에요. 태양 전기나 풍력 전기는 화석 연료로 생산한 전기보다 생산비가 더 많이 들기 때문에 이를 보상해주는 것이지요. 그리고 이 비용은 해마다 전기요금을 조금씩 인상해 충당해요. 2006년도에는 3인 기준 1가구당 월 3,400원 정도의 전기 요금이 올랐어요. 이렇게 인상된 요금으로 재생 가능 에너지 발전 차액을 지속적으로 보장해줄 수 있는 거지요. 이 아헨 모델을 토대로 전 세계 30여 개국의 재생 가능 에너지 관련법의 모태가 된 재생 가능 에너지법(EEG)이 만들어 졌지요. EEG에서 정한 2009년 전력 매입 가격은 태양광 1킬로와트 당 43.1유로, 풍력 13유

안성의 한 농가 지붕의 모습. 앞 창고 지붕의 태양광 발전기에서 전기를 생산해 한국전력공사에 판매하고 있다. 뒤에 있는 주택 지붕의 태양열 집열판에서는 난방과 온수를 공급한다.

로입니다.

이렇게 발전 차액을 보전해주는 제도가 우리나라에도 있답니다. 2002년 제정된 발전차액지원제도로 재생 가능 에너지로 발전한 경우 기존 전기 거래 가격과의 차이를 보존해주는 제도에요. 독일의 발전차액지원제도를 많이 본따 만들어졌지요. 그런데 최근 정부에서는 이 제도를 점차 축소해 2012년에는 아예 폐지할 계획을 발표하였어요. 여러 가지 부작용이 있고 재생 가능 에너지가 증가하는 속도가 늦기 때문이라고 하는데, 이제 막 걸음마를 시작한 우리나라의 재생 가능 에너지 시장이 어떤 타격을 입게 될지 걱정입니다.

이 밖에 우리나라에서는 재생 가능 에너지 확대를 위해 어떤 노력들이 이루어지고 있나 살펴보지요. 일사량이 전국 평균보다 21퍼센트 많은 광주시는 2004년 전국에서 처음으로 태양 에너지 도시 지원 조례를 제정하고, 최근에는 '태양 에너지 도시' 상표 특허출원을 냈어요. 도심 90여 곳에 태양광 발전 시설과 6,000여 곳에 태양열 발전 시설이 가동 중이랍니다. 광주시는 2011년까지 태양광 에너지 설비와 수소 연료 전지 등 신재생 에너지 산업 기반을 만들 계획이라고 해요. 이러한 노력 덕분에 '빛고을' 광주는 태양광과 태양열을 비롯한 신재생 에너지 산업의 중심으로 떠오르고 있어요.

뿐만 아니라 시민들이 직접 나서서 마을을 재생 가능 에너지로 전환하는 작업을 하는 곳도 있답니다. 원자력 발전소 폐기물 처분장 건설 예정지로 분란이 많았던 전라북도 부안의 등용 마을에서는 2015년까지 마을에서 소비되는 에너지의 총 50퍼센트를 재생 가능 에너지로 바꾸겠다는 계획 아래 뚝딱뚝딱 태양광 발전기를 6개나 세우고, 지열 냉난방 시스템도 만들고 있어요. 전기를 생산하는 태양광 이외에 운송에 사용되는 연료는 바이오 디젤로 충당하고, 난방은 분뇨로 만드는 메탄가스를 이용해 에너지 자립 마을로 만들겠다고 의지를 다지고 있답니다. 물론 전기 절약은 기본이고요.

참, 여러분도 전기를 만들어 팔 수 있어요. 우리나라에도 소규모 전력 생산 시설을 만들어 전기를 생산해 한국전력에 파는 개인이나 민간단체가 많이 있어요. 2005년부터 설비 용량 200킬로와트 이하의 소규모 전기 생산업자도 전기를 팔 수 있도록 전기 사업법 시행령을 개정했기 때문이에요. 이렇게 법을 개정하기까지 많은 사람들이 정부와 국회를 들락거리면서 애를 썼답니다. 그래서 발전 설비를 갖춘 민간업자는 한국전력과 계약을 체결하면 전기를 팔 수 있어요. 한국전력은 이들이 생산한 전기를 일반 전기 판매가(약 70원/kWh)의 약 10배의 가격에 매입해 국민들에게 공급한답니다. 최근 구입 가격이 내려가고 있어, 재생 가능 에너지를 판매하는 사람들의 걱정이 늘고 있지만요.

또한 시민들이 공동 출자해 태양광 발전 시설을 마련한 뒤 수익을 배당받는 형태로 운영되는 곳도 있답니다. 여러분도 이런 민간단체나 발전회사에 돼지저금통을 뜯어서 출자를 하면 자기 발전소를 가질 수 있어요.

하지만 문제가 없는 것은 아니에요. 여러분은 200원만 찍혀 있는 전기요금 고지서를 본 적이 있나요?

우리나라의 재생 가능 에너지 보급 정책은 크게 두 가지예요. 정부에서 발전기 설비 비용을 지원해주거나, 생산된 전기를 높은 가격에 사주는 방법이에요. 발전 설비 비용을 지원받을 경우 생산한 전력은 생산한 가구에서 사용할 수 있어요. 쓰다 남은 것은 한국전력에 보내주어야 해요. 반면 본인이 돈을 내고 태양광과 같은 재생 가능 에너지 발전 설비를 할 경우에는 발전한 전기를 높은 가격으로 일정한 기간 동안 한국전력이 의무적으로 매입해주게 돼요.

그러니까 200원짜리 고지서를 받는 사람들은 발전 설비비를 지원받은 경우지요. 정부의 '태양광 지붕 10만 호 사업'이나 '그린빌리지 사업' 등으로 정부 지원을 받아 태양광 발전기를 설치한 집은 3만 원 이상 나오던 전기요금이 달랑 200원만 나오게 돼요. 하지만 쓰다 남은 전기는 한국전력이 공짜로 가져간다는 생각에 전기 소비량이 늘어나는 경우도 종종 생긴다고 하네요. 전기 제품을 새롭게 구매하거나 에어컨을 부

시민단체 '에너지 전환'에서 아이들이 태양 에너지에서 얻은 전기로 돌아가는 모터와 줄다리기를 하고 있다.

담 없이 사용하는 경우도 있고요. 누진 요금제의 부담에서 벗어날 수 있기 때문에 쉽게 에너지를 쓰게 되는 거지요. 애초의 취지와는 다르게 말이에요.

또 다른 문제는 태양광 발전에 쓰이는 태양광 전지 판넬의 가격이 비싸다는 거예요. 태양광 전지 판넬은 반도체로 이루어져 있는데, 이 지역에서 1메가와트 규모의 태양광 발전을 할 경우 정부가 재생 가능 에너지를 높은 가격으로 사주어도 광전지 패널 값을 충당하는 데는 약 12년이 걸린다고 해요. 만약 정부 지원이 없다면 90년 넘게 걸리고요. 그런데 우리나라는 재생 가능 에너지 매입 가격을 낮추고 있는 실정이라, 태양광 발전기를 가정에 설치하는 일이 점점 어려워지고 있어요.

또 현재 추진되고 있는 대형 태양광 발전 프로젝트는 모두 땅을 뒤덮는 방식이에요. 토지는 버려진 땅이라 할지라도 녹색의 작물이나 나무들이 자라면서 대기 중 이산화탄소를 흡수할 수 있는 녹색의 흡수원인데, 이곳을 뒤덮어 태양광 전지를 설치한다면 태양 에너지가 오히려 자연을 훼손하는 것 아닐까요? 그래서 독일의 EEG제도는 같은 태양광 발전이라도 지붕에서 생산되는 것과 땅에서 생산되는 것의 매입 가격에 차이를 둔답니다.

그러나 아직 남아 있는 문제들

이런 이야기 들어보셨나요? '새가 치여 죽어가요. 차에 치였어요? 아니요, 풍력 발전기 날개에 치였어요.' 이건 우스개가 아니라 실제로 일어나는 일이에요.

독일 베를린 북쪽 우커마르크는 '풍차 마을'입니다. 높이 100미터나 되는 풍력 발전기의 거대한 바람개비가 220여 기나 돌아가요. 이곳 주민들은 처음에는 마을이 바람만으로 전기를 만들어내는 친환경 첨단 발전 단지로 바뀌는 것을 보고 반겼지만 지금은 후회하고 있다고 하네요. 바람개비 소음과 비행기 충돌을 막기 위해 밤새 켜놓는 경계등의 불빛 공해 때문이라고 해요. 그래서 주민들은 풍력 발전기를 추가로 건설하는 데 반대하고 있답니다. 환경을 위한 시도가 새로운 환경 갈등을 빚고 있는 사례라고 할 수 있어요.

풍력 발전기가 인근의 생태계에도 좋지 않은 영향을 미친다는 연구 결과가 있어요. 예를 들어 풍력 발전기가 돌아가면서 주변 공기의 압력을 낮추는 바람에 박쥐의 혈관이 팽창하는 현상이 나타나고 있고, 철새들이 이동하다가 발전기의 날개에 치여 죽는 일도 많아요. 산의 원래 모습이 훼손되어 산을 사랑하는 사람들이 무척 안타까워하고 있고요. 그 밖에도 가축에게 피해가 되는 소음과 전자파, 날개가 돌아가면서 생기는 빛 반사, 대형 날개가 만드는 그림자, 기류와 주변 온도의 변화 등이 생태계에 나쁜 영향을 미친다고 해요.

우리나라에서도 풍력 발전기 건설 단지가 각종 소송에 휩싸이고 있어요. 그렇다고 풍력 발전기는 좋지 않으니 설치하지 말자고 하는 것도 올바른 해결 방법은 아닌 듯해요. 이런 문제를 해결할 수 있는 다양한 기술을 개발해야겠지요. 그리고 시간이 오래 걸리더라도 서로 다른 입장을 가진 사람들이 모여 토론을 많이 해야 해요. 일어날 수 있는 문제를 막기 위한 합리적인 제도도 정착시켜야겠지요.

또 다른 곳에서는 바이오 연료가 토르티야 가격을 올려 말썽을 일으키고 있네요. 멕시코의 토르티야는 옥수수 반죽을 손바닥 크기로 둥글게 빚어 화덕에 구운 빵이에요. 한국인들이 밥을 먹는 것처럼 멕시코 사람들은 끼니마다 토르티야를 먹어요. 토르티야에 각종 야채나 해산물 혹은 고기를 넣고 돌돌 말아 소스를 뿌려 먹는데 그 맛이 일품이랍니다.

그런데 얼마 전 멕시코의 토르티야 가격이 갑자기 크게 올랐어요. 안 그래도 살기 힘든데 주식인 토르티야 가격이 올라가니 서민들이 얼마나 화가 났겠어요. 토르티야 가격이 오른 것은 옥수수 가격이 폭등했기 때문이에요. 에너지 얘기하다가 뜬금없이 웬 옥수수인가 할 거예요.

옥수수 가격이 갑자기 폭등한 것도 에너지 문제와 관련 있어요. 옥수수는 주식의 원료도 되지만 바이오 연료를 만드는 데 쓰이기도 하기 때문이에요. 미국의 부시 대통령이 2017년까지 바이오 에탄올을 포함한 바이오 연료를 350억 갤런으로 늘리겠다고 발표하자 세계 여러 나라들이 바이오 에탄올 사업에 뛰어들었어요. 그 여파로 옥수수 품귀 현상이 나타나 1킬로그램에 6.5페소(약 590원)였던 토르티야 가격이 18~20페소(약 1,700원)로 3배나 올랐던 거예요. 그러니 멕시코의 가난한 서민들이 가만히 있겠어요? 토르티야 시위를 벌였지요.

사탕수수, 유채, 감자, 보리 등을 발효시켜 만드는 바이오 에탄올이나 바이오 디젤은 석유를 일부분 대체할 수 있어, 브라질, 일본, 스웨덴 등에서는 이미 바이오 디젤이 운송 수단의 대체 연료로 자리 잡았어요. 미국, 프랑스, 독일 역시 바이오 디젤과 에탄올을 자동차 연료로 활용하고 있고요. 그런데 이렇게 세계 각국이 바이오 에너지 사업을 늘리면서 원료 가격이 급속하게 오르기 시작했어요. 대두유, 옥수수 등 주요 곡물의 국제 거래가가 폭등하고 있고 우리나라 역시 밀가루나 식용유 가격이 많이 올랐지요.

브라질의 경우 에탄올의 원료가 되는 사탕수수 재배지가 늘어나고 있어요. 사람들은 작물을 키우기 위해서 나무를 베고 땅에 화학비료를 뿌리고 있지요. 그래서 아마존 지역의 삼림이 크게 파괴되고 있어요. 옥수수나 사탕수수 등 바이오 연료의 원료가 되는 작물만을 대규모로 재배하는 것이 생태계를 매우 취약하게 할 것이라는 우려도 있어요.

이런 방식으로 생산되는 바이오 연료는 재생 가능한 자원이라기 보다, 환경을 파괴하고, 생태계를 교란시키는 주범이라고 경고하는 사람들도 많아요.

에너지 문제에 대해 의견이 분분합니다. 석유는 쉽게 없어지지 않으며, 지금도 새로운 유전들이 발견되고 있고, 과거에는 경제성이 없다고 여겨졌던 타르샌드 등을 사용해서 화석연료 중심의 사회를 충분히 지탱할 수 있다고도 해요. 또 원자력이야말로 지구 온난화를 막고 인류에게 편리한 물질문명의 이기들을 사용할 수 있게 해주는 대안이라고도 해요. 메탄하이드레이트나 연료 전지의 수소 등 새로운 대체 에너지가 곧 실용화될 거라는 의견도 있어요.

하지만 다른 의견도 있어요. 자동차와 결별하고 자전거 타기, 엘리베이터보다는 계단을 이용하기, 도시에서 텃밭 가꾸기, 멀리서 오는 농산물이 아닌 그 지역의 농산물 먹기, 석유로 만든 비료보다는 똥·오줌으로 만든 비료를 사용해 에너지 의존도를 낮추기, 조금 불편하더라도 부지런히 내 몸을 움직여 에너지 사용을 대신하기 등등. 이것이야말로 '나'라는 바이오 에너지를 이용해서 생산하는 평화적인 재생 가능 에너지가 아닐까 싶어요.

물론 앞서 이야기한 태양이 주는 선물을 아낌없이 이용해 화석연료의 자리에 재생 가능 에너지를 튼튼하게 세워야 하겠지요. 그래서 우리 사회와 우리의 삶 자체를 재생 가능하게 만들어야 해요. 마치 민주주의의 꽃은 지방자치라고 하는 것처럼 에너지 수급체계 또한 중앙 집중에서 지방 분산적으로 이루어져야 해요. 그래서 에너지가 권력의 핵심 내용이 되어 전쟁이 일어나거나 유가가 오르락내리락하며 경제를 흔들거나, 대형 발전소 한곳에 의지해 불안한 삶을 영위하지 않도록 해야 해요. 또 지구 온난화로 인해 지구에서의 삶 자체가 재생 불가능해지는 것을 막아야 합니다. 물론 이것이 가능하려면 에너지에 지나치게 의존하는 삶의 방식을 조금씩 바꾸어나가야 하겠지요.

지금도 지구의 시계는 쉬지 않고 가고 있어요. 우리가 꿈꾸는 아름다운 미래를 만들기 위해서는 어떤 의견에 한 표를 던져야 할까요? 어떤 의견을 우리 생활 속에서 실천해야 할까요?

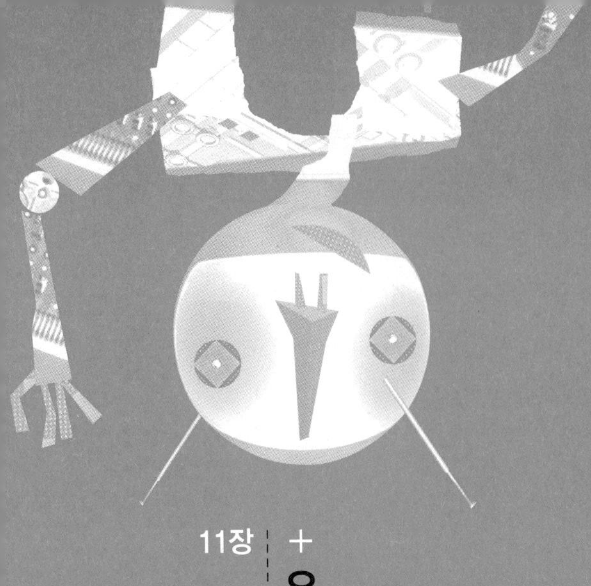

11장 오일릭과 림보뚜벅

느리게 살기

오일릭과 림보뚜벅

우리는 기름을 먹고 사는 오일릭이다. 정확히 말하면 화석연료, 즉 기름 또는 석탄 등과 그 부산물의 냄새를 먹고 산다. 인간들은 우리 종족을 통틀어 요정이라고 부르지만 사실 우리 오일릭은 수많은 요정 종족 중에서도 이 지구상에 나타난 지 얼마 안 된 돌연변이종이다. 산업혁명을 거치면서 우리 오일릭의 개체 수는 폭발적으로 늘어났다. 우리는 대체로 인간들과 평화롭게 공생해왔다. 인간의 산업이 발전하고 에너지 소비가 늘어나는 것은 우리 종족에게는 더없이 좋은 환경을 만들어주었다.

그런데 최근 우리 종족을 멸종시킬 수도 있는 골치 아픈 일이 생겼다. 어떤 녀석이 석유로부터 독립을 선언한 것이다. 석유 없이 살아보겠다고 하다니, 지독한 녀석이다.

그 녀석은 다름 아닌 림보뚜벅이다. 뭐, 그놈이 그러거나 말거나 신경을 끊으려 했는데 그 녀석의 주장에 동조하며 비슷한 행태를 보이는 녀석들이 점점 늘고 있는 게 심상치 않다. 우리의 영역은 지난 200여 년 동안 끊임없이 확대되어왔다. 1억 5,000만 년 전 중생대 바다를 헤엄치던 수억만 마리 유공충의 사체가 땅에 묻혀 서서히 탄소와 수소로 바뀌어가고 있을 때 우리의 시조인 오일릭이 탄생했다. 처음에는 미개한 상태여서 열악한 환경에서 근근이 연명하는 정도였다. 공기와 접하지 않는 질척질척한 호수의 바닥에 묻혀 있던 유공충의 탄소와 수소 성분들이 서로 단단하게 결합하고 배열되어 이제 완전한 석유의 모습을 갖추었다. 그러나 인간들이 석유의 진가를 아는 데는 더 많은 시간을 기다려야 했다. 사람들은 느림보처럼 살았다. 마차를 이용하거나 걸어서 이동했고, 몇 명이 모여 맨손으로 물건들을 만들었다. 그러다가 사람들이 석탄을 이용하면서 기차가 달리고 공장이 생겨나 물건들이 마구 쏟아졌다. 말과 마차가 다니던 길을 자동차라는 물건이 커다란 화통을 달고 달리더니 그 자동차는 스스로 진화해가기 시작했다. 운반하기도 쉽고 효율도 좋은 석유가 석탄을 대체하면서 자동차는 엄청난 속도로 달리게 되었다. 그 후 석유는 1, 2차 세계대전이라는 호기를 맞아 세상을 지배하기 시작해 오늘날에 이르렀다.

우리의 영토를 나타내는 지도를 보라. 화석연료를 많이 사용하는 지역에 더 많은 영토를 확보하였으며, 세계 곳곳 우리의 종족이 번식하지 않은 곳이 없다. 그런데 림보뚜벅이 나타나 다른 인간들까지 자꾸 부추기고 있으니 우리로서는 바짝 긴장하지 않을 수 없다.

림보뚜벅은 오늘도 자동차 대신 자전거를 꺼내어 출근 준비를 하고 있다. 덜떨어진 녀석, 우리는 저 녀석의 무모한 도전을 막기 위해 차 사고를 가장하여 방해해보기도 했다. 하지만 그때뿐이었다. 다리의 깁스를 풀자마자 림보뚜벅은 다시 자전거를 타고 출근했다.

오늘은 그 녀석의 오만방자하고 무모한 행동을 더는 묵과할 수 없다는 결의로 똘똘 뭉친 오일릭들의 회의가 열리는 날이다.

물론 우리가 이렇게까지 조급해하는 것은 최근 여러 유전에서 좋지 않은 소식이 들려오기 때문이다. 많은 유전들이 벌써 생산량이 떨어지기 시작했다는 것이다. 림보뚜벅도 이 사실을 이미 알고 있다. 물론 아직도 많은

21세기 오일릭 종족의 영토 지도. 화석 연료 사용량이 많을수록 면적이 넓다

림보? 느림보?

사람들이 우리 편이다. 특히 정유회사나 중동의 여러 나라들은 석유의 생산량이 줄어들기 시작하는 피크 오일은 멀었다고 주장하고 있다.

하지만 인간들이 모르는 것이 있다. 석유는 영원할 것이다. 왜냐하면 요술방망이 같은 경제 법칙이 작동하기 때문이다. 석유가 부족해지면 석유 가격이 올라간다. 석유 가격이 올라가면 채굴 비용에 비해 원유의 원가가 상대적으로 낮아 채굴하지 않던 작은 원전들까지 파헤치게 된다. 아직 손대지 않은 심해의 유전도 있다. 지구는 넓다. 아직은 석유의 고갈을 걱정할 때가 아니다. 아니, 석유가 고갈되는 일은 영원히 없을 것이다.

"그동안 제가 관찰한 내용을 말씀드리겠습니다."

림보뚜벅의 일거수일투족을 감시해 온 오일릭 스파이이다.

"림보뚜벅은 설거지를 할 때 따뜻한 물을 쓰지 않습니다. 물론 석유로 만들어진 세제도 거의 쓰지 않고요. 식재료도 화학비료를 쓰지 않은 유기농 농작물만을 사용합니다. 생각보다 똑똑한 인간인 것 같습니다. 겨울철에 내복을 입는 것은 기본입니다. 그것도 빨간색 내복을 즐겨 입는답니다. 참, 최근에는 채식을 선언했습니다."

"뭐라고, 채식 선언? 그렇다면 우리의 일급비밀을 알고 있다는 건가?"

"일급비밀이라니요?"

"육식이 많은 양의 이산화탄소를 발생시킨다는 비밀은 우리 오일릭들의 조상이 호리병에 넣어 아마존의 정글에 묻어버렸다고 생각했는데, 그 비밀이 어떻게 공개되었지? 비프스테이크 1인분을 생산하려면 32,900칼로리의 화석연료가 들어가지. 스테이크 고기가 될 소가 뀌는 방귀와 소들의 배설물에서는 메탄가스가 발생하는데, 그것도 지구를 덥게 하는 데 한몫하지. 뿐만 아니라 소들을 방목하기 위해서 나무를 베어내고, 풀을 키우기 위해서 비료를 주기적으로 뿌려야 해. 물론 앞의 수치는 이런 것들까지 계산에 넣은 거고. 하지만 사람들은 아무것도 모르고 그저 스테이크를 먹으며 육질이 부드럽고 맛있다며 감탄할 뿐이야. 오일릭들로서는 환영할 일이지. 그래서 우리 오일릭 조상들이 사람들에게 육식을 전파하기 위해 얼마나 공을 들였는데……."

"아, 그렇군요. 그런 극비 상황을……. 참, 림보뚜벅은 푸드 마일리지라는 것을 실천하고 있습니다. 먹을거리를 실은 트럭, 배, 비행기 등이 이동할 때 이산화탄소가 배출된다며 지역에서 생산된 것만을 먹자는 운동입니다. 뿐만 아니라 컴퓨터 절전모드 실행, 스위치가 달린 멀티탭을 사용하여 플러그를 꽂아둘 때 발생할 수 있는 대기 전력 잡기, 자전거 타기를 실천한답니다. 물론 비행기도 가급적 타지 않고요. 비행기를 탈 경우에는 비행기가 날아가면서 발생시키는 이산화탄소를 상쇄할 수 있는 나무 심는 기금을 조림 사업체에 기부하기로 했답니다."

"이제는 더 이상 미룰 수가 없습니다. 우리의 생존을 위해, 그리고 이 지역 오일릭의 명예를 걸고 림보뚜벅의 무모한 의지를 막아야 합니다."

"저희들이 나서보겠습니다."

똑같이 생긴 오일릭 세 명이 동시에 입을 모아 말했다.

"자네 형제들이? 오호. 그래, 자네들이라면 충분히 해낼 수 있을 거야."

이렇게 해서 오일릭의 삼형제가 출동을 했다.

첫 번째 오일릭은 작고 짧은 못으로 변신해 림보뚜벅이 타고 다니는 자전거의 타이어에 콕 박혀버렸다. 그런데 림보뚜벅이 타이어를 꼼꼼히 살펴보더니 이상한 행동을 하기 시작했다. 타이어 여기저기에 작고 짧은 못을 일정한 간격으로 촘촘히 박는 게 아닌가. 마치 축구화에 스파이크를 박듯이. 그런데 신기하게도 타이어에서는 바람이 전혀 새지 않는다. 게다가 눈길에서 미끄러지지 않는 스노타이어 역할까지 한다. 림보뚜벅의 자전거 바퀴는 안에 고무 튜브가 없는 튜브리스타이어라서 짧은 못을 스파이크 징처럼 박아서 사용할 수 있었던 것이다. 강원도에 가면 자동차 타이어에 징을 박아서 사용하는 스파이크 타이어가 있다. 그런데 림보뚜벅이 못을 어찌나 세게 박았는지 못으로 변신한 오일릭은 아직도 림보뚜벅의 바퀴에 박힌 채 돌아가고 있단다. 호호.

두 번째 오일릭은 림보뚜벅이 유기농 야채를 먹지 못하도록 모두 상하게 만들었다. 그런데 림보뚜벅이 가족들과 함께 상한 야채를 일일이 골라서 버릴 것은 버리고 멀쩡한 것은 신문지에 싼 후 냉장고에 넣는 게 아닌가? 그리고 골라낸 야채는 잘게 썰어 지렁이를 키우는 화분에 골고루 뿌려주었다. 그런데 오일릭이 근처에 있다가 지렁이 화분에 휩쓸려 들어가는 봉변을 당했다. 그 오일릭이 어떻게 되었냐고? 음식물 쓰레기에서 나오는 100퍼센트 순수한 유기농 메탄가스 냄새를 마신 후 아토피 피부염이 싹 나았다. 지금은 그 유기농 메탄 냄새에 반해 과거의 생활을 접고 지렁이 화분에서 나올 생각도 하지 않고 행복하게 잘 살고 있단다.

세 번째 오일릭은 감기 바이러스로 변해서 림보뚜벅을 감염시켰다. 독감에 걸려 오한이 들면 별수 있겠어? 보일러 온도를 확 올리는 수밖에. 그렇다면 림보뚜벅은 보일러의 온도를 올렸을까? 처음에는 끙끙 앓더니 곧 감기를 이겨냈지 뭔가. 그동안 자전거 타기 등으로 몸이 건강해졌기 때문이란다. 림보뚜벅의 몸 안에서 감기 바이러스로 변한 세 번째 오일릭은 제대로 활동도 못 해보고 원기 왕성한 백혈구에게 냠냠 잡아먹혀 비참한 최후를 맞이했다.

페트롤리움 월드에 오신 것을 환영합니다

꿈과 환상이 넘치는 페트롤리움 월드에 오신 것을 환영합니다. 신비의 돌에서 페트롤리움이 끝없이 샘솟아 원하는 것은 다 만들 수 있습니다. 약품에서 화장품, 자동차까지. 페트롤리움 월드는 요술궁전인 셈이지요. 이곳에서 인간은 더욱 강해지고 더욱 빨라지고 더욱 편리해진답니다. 네? 이곳은 그냥 여러분들이 사는 평범한 집이고 동네라고요? 앗, 눈치 채셨군요. 여러분이 살고 있는 바로 이곳, 여러분의 세상이 페트롤리움 월드입니다.

아, 페트롤리움이라고 하니 좀 낯설게 들리죠? 네, 페트롤리움은 석유를 말해요. 우선 우리가 애용하는 휴대전화도 CPU(중앙처리장치)격인 '베이스밴드칩'과 부가기능으로 들어간 카메라를 빼고는 모두 석유로 만들어진답니다. 원유의 증류 과정에서 나온 납사(naphtha)에서 합성수지의 원료를 만들어 플라스틱으로 가공하여 휴대전화의 외장을 만들지요. TV도 마찬가지예요. 브라운관을 제외하고는 대부분이 석유에서 나온 플라스틱으로 만들어졌어요.

플라스틱은 천의 얼굴을 가진 마법의 물질로 불려요. 색깔도, 모양도, 단단한 정도도 마음대로 만들 수 있기 때문이지요. 조물주가 세상을 만들면서 깜박한 것이 플라스틱이라고 할 정도로 플라스틱은 획기적인 물질이에요. 합성수지 덕분에 지금 여러분은 편안한 생활을 즐기고 있는 거고요. 여러분이 입고 있는 옷도 석유를 증류하여 정유할 때 나오는 납사를 다시 가공해서 나온 합성섬유로 만들어졌어요. 요즘 뜨는 미니벨로 자전거의 타이어도 납사로 만든 합성고무가 원료랍니다.

우리가 모두 깔끔한 차림새를 할 수 있는 것도 바로 페트롤리움, 석유의 힘이라는 것을 알고 있나요? 우리가 사용하는 합성세제의 성분인 합성 계면활성제는 석유, 석탄 등에서 추출한 파라핀, 프로필렌을 주원료로 하고 세척력을 높이기 위해 인산염, 붕산 등을 첨가하여 만든 것이랍니다. 또 이것은 페이셜 클린저, 샴푸, 바디워시, 크림, 로션 등에도 사용되고 있지요.

자, 그럼 퀴즈를 내볼까요? 석유로 만들지 않는 것으로 뭐가 있을까요? 네? 아, 립스틱이라고요? 아닙니다. 화장품의 유성 성분인 파라핀이나 글리세린도 석유에서 나온 거예요. 또 화려한 색을 내는 데에는 석유에서 추출한 타르계 색소만큼 좋은 것이 없지요. 화장품 냄새도 석유로 만든 것이랍니다. 좀 더 알려드릴까요? 인조가죽으로 만든 소파, 수지로 만든 액자, 플라스틱 화분, 탱탱볼, 화학섬유와 솜으로 된 이불, 슬리퍼, 샌들, 가방, 모자, 냉장고 안에 있는 각종 반찬통, 프라이팬, 양념통, 페인트 통, 잉크, 그림물감, 연필깎이, 선풍기, 컴퓨터, 전화기, 프린터, 창틀, 비닐봉지…… 등등. 정말 헤아릴 수도 없어요.

먹을거리는 석유와 무관할 거라고요? 글쎄요? 채소와 곡물을 재배하는 데 사용한 비료와 농약도 석유에서 나온 것이고, 사람들의 입맛을 중독시킨 화학조미료 MSG(Monosodium Glutamate, 글루탐산 나트륨)도 석유를 정유하여 공급되는 아크릴로니트릴을 원료로 하여 합성된 것이라는 사실, 혹시 알고 있는지 모르겠네요.

더 이상 올라갈 곳이 없다, 여기가 정상이다

그런데 석유는 무한정 쓸 수 있을까요? 오랜 시간을 거쳐 생겨난 것이니 쓰다 보면 언젠가 없어지는 게 당연하겠지요. 그런데 이상한 일은 석유의 가채 연수, 즉 채굴 가능한 연수는 과거에나 지금에나 크게 달라지지 않았다는 거예요. 교과서에 기술된 석유의 가채 연수는 40년쯤인데, 40년 전에도 석유의 가채연수는 40년이었어요. 매장량 통계를 보면 2005년 말에는 1조 2,000억 배럴로 20년 전보다 56퍼센트 오히려 증가했어요. 석유 소비량이 계속 증가하는데도 '석유 매장량 40년, 가스 매장량 70년'이라는 가채 연수는 변함없답니다. 석유업계가 회사를 유지하고 원

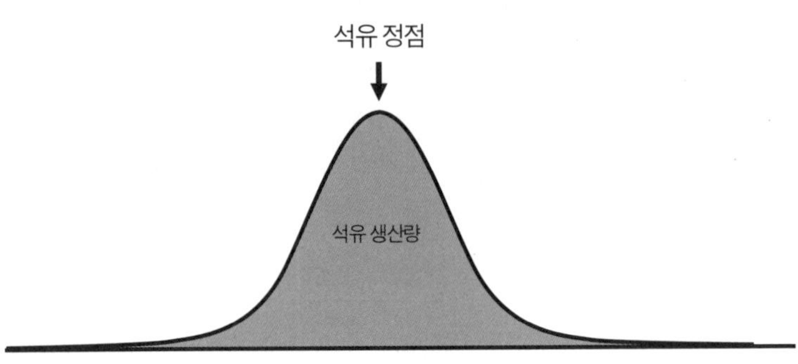

피크 오일, 즉 석유 정점은 원유 생산량이 최대가 되는 시점을 말한다. 인구 증가, 경제 활동 증가 등으로 소비는 계속 늘어나는데 생산은 더 이상 늘어날 수 없는 시점이 되면 원유 생산량은 정점(피크)을 지나게 될 것이다. 흔히 석유가 고갈되는 시점을 걱정하지만 피크 오일에 도달하는 순간 이후 생산량 감소를 예상하게 되면서 석유를 중심으로 하는 경제 활동은 극심한 혼란에 휩싸일 것이다. 원유가격의 급등, 원자재 가격의 상승, 물건 사재기 등 시장은 극심한 혼란에 빠질 것이다.

활한 경제활동을 지원하기 위해 40~50년간의 매장량을 어떻게든 확보하려고 노력하기 때문이라고 해요.

어떻게 가능하냐고요? 새로운 유전을 발견하기도 하고, 원유의 가격에 비해 개발비가 비싸 이전에는 개발하지 않았던 유전들을 속속들이 개발하기도 해요. 원유의 생산량을 맞추기 위해 정부가 환경 규제를 완화했기 때문이지요. 또 개발 기술이 발달해서 예전에는 채굴하지 못했던 것을 채굴할 수도 있게 되었고요.

하지만 분명한 것은 땅을 파기만 하면 원유가 솟구치고 간단한 펌프로 퍼 올려 담을 수 있는 유전은 이제 찾아보기 힘들다는 거예요. 1859년에 석유 시대가 시작되었을 때는 땅속으로 23미터만 들어가도 질 좋은 석유를 충분히 캘 수 있었어요. 그다음부터는 점점 더 깊이 들어가면서 현재 심해저 석유 시추구인 JACK2는 스웨덴에서 가장 높은 산만큼 깊게 파 들어가야 한답니다.

이런 현상 때문에 1956년 미국의 지질학자 킹 허버트(King Hubert)는 피크 오일(Peak Oil)이라는 개념을 도입했어요. 석유 생산량이 기하급수적으로 확대되었다가 특정 시점을 정점으로 급격히 줄어드는 현상을 말해요.

피크 오일 시기에 대해서는 여러 가지 의견이 있어요. 2008년 현재가 바로 그 시기라는 견해(ASPO, Association for the Study of Peak Oil, 세계 석유정점연구협회)도 있고, 2025년이나 그 후라는 견해(석유 회사 셸)도 있고, 또 국제에너지기구(IEA, International Energy Agency)는 2010년에서 2020년 사이를 피크 오일 시기로 예측하고 있어요.

이렇게 피크가 되어버리면, 우리는 어떻게 되는 걸까요?

호모오일리쿠스, 피크 오일 시대의 비극

때는 2015년, 바야흐로 피크 오일 시대입니다. 피크 오일 시대를 사는 한 청년을 만나보기로 해요.

저는 푸시맨이에요. 만원 지하철에서 사람들이 지하철을 탈 수 있도록 힘껏 밀어주는 일을 해요. 그전에는 플라스틱 성형 제품을 생산하는 대기업에 다녔어요. 하지만 피크 오일 시대가 닥쳐 원유 생산량이 급격하게 감소하고 원유 가격이 치솟자 플라스틱 등을 만드는 석유화학 회사들은 줄도산을 하게 되었어요. 대량 해고와 감원의 회오리가 몰아쳤고 저도 피할 도리가 없었지요. 푸시맨이라는 일자리를 얻은 것도 그나마 다행이에요.

아침마다 저는 자전거를 타고 출근해요. 아참, 오늘은 집에 갈 때 송진을 사가지고 가야 해요. 해가 점점 짧아져 송진을 켜는 시간도 더 빨라졌어요. 벌써 송진이 떨어졌더군요. 밤 9시가 되면 대도시도 산업시설을 제외하고는 정전이 되거든요. 그게 아니더라도 비싼 전기요금 때문에 전등을 켤 엄두도 못 내요. 냉장고, 전자레인지, 전기밥솥, TV, 정수기, 전화기, 전등, 김치 냉장고, 세탁기 등도 쓰지 못하니, 공간만 차지하고 애물단지가 따로 없어요. 중고로 내놔도 살 사람이 없어요.

요즘 제가 사는 연립주택에서는 여섯 가구가 폐가구 등의 땔감을 모아 마당에서 한꺼번에 밥을 짓기로 했어요. 땔감도 아쉬운 판국이니 조금이라도 절약하자는 뜻에서 내린 결정이지요.

그래도 우리 집은 나은 편이에요. 옥상에 텃밭도 있고, 작지만 마당도 있으니 봄이면 나물이 나고, 여름이면 푸성귀들을 제법 수확할 수 있거든요. 물론 비료가 문제이긴 해요. 음식물 쓰레기가 나오지 않으니 퇴비를 만들 수도 없고, 화학비료는 너무 비싸 살 수 없어요. 그래서 이건 비밀인데요, 우리 연립의 남자들은 뒤뜰 구석에 마련된 큰 통에다 소변을 본답니다. 오줌에 물을 타서 비료로 사용하고 있거든요. 제법 비료 역할을 해요. 고기를 구경 한 지도 벌써 몇 달째랍니다. 돼지나 소를 키우는 데도 석유가 들어간다는 사실을 뒤늦게 알게 되었기 때문이지요. 가축 사료는 수입 옥수수를 쓰고, 수입 옥수수는 비료로 키우고, 비료는 석유로 만들어지고…….

저야 자전거를 타고 다니니 주유소에 갈 일은 없지만, 출근길에 주유소 앞을 지나다 보면 진풍경을 볼 수 있어요. 값비싼 차들이 기름을 넣기 위해 배급표를 들고 길게 줄을 서 있어요. 하루 공급량이 정해져 있기 때문에 늦게 오면 기름이 떨어져 넣을 수도 없어요. 좀 더 일찍 피크 오일에 대비했다면, 그래서 석유에 의존하는 생활을 조금씩 바꾸어 나갔더라면 이렇게까지 힘들지는 않았을 거예요. 그나저나 날이 추워지면 난방 때문에 걱정이네요.

림보뚜벅

그러나 세상이 모두 이렇게 우울한 것만은 아니에요. 림보뚜벅 씨와 그를 따르는 사람들이 있잖아요. 오늘은 그들을 만나볼까요? 먼저 일본에 살고 있는 림보뚜벅 씨를 불러보지요.

네, 안녕하십니까. 일본에 사는 후쿠오카입니다.

제가 림보뚜벅 씨의 추종자가 되기로 결심한 것은 행복을 찾기 위해서입니다. 지금 우리는 그 어느 때보다 물질적인 풍요를 누리고 있어요. 생활이 편리해지고 먹을 것도 넘쳐나요. 그런데 웬일인지 사람들은 별로 행복해 보이지 않아요. 하지만 우리가 어렸을 때는 들로 산으로 놀러 다니며 나무열매 하나를 따도 행복했고, 칡뿌리를 씹어도 그 달콤함에 즐거워했어요. 흑백 TV를 보고 고무 대야에 물을 받아서 목욕을 할 때에도 신나고 행복했어요. 그런데 요즘 아이들은 제가 어렸을 적만큼 행복한 것 같지 않아요. 이상하지 않아요? 혹시 이런 불일치는 대량 소비라는 약물에 중독되어 있기 때문이 아닐까요? 만약 우리가 소비 행위를 멈추고 나서도 행복할 수 있다면? 물론 당장에는 금단증상이 나타나겠지요. 하지만 금단증상을 극복하고 나서 진정한 행복을 되찾을 수 있다면 행복은 물질로 채워지는 것이 아니라는 증명이 되겠지요. 그래서 저는 힘은 들겠지만 실험을 시작했어요.

우선 실험 기간은 2년으로 정했지요. 그 기간 동안 저와 가족들은 외식을 하지 않고 직접 도시락을 싸고, 마요네즈를 집에서 만들어 먹고, 자동판매기의 음료수를 사 먹지 않기로 했어요. 설거지를 할 때는 합성세제도 쓰지 않고, 따뜻한 물도 쓰지 않을 거예요. 또 자동차와 이별을 선언하고 자전거를 타고 출퇴근하기 시작했어요. 참 되도록이면 엘리베이터를 타지 않고 계단을 이용했고요. 물론 처음에는 힘들었지요. 자전거를 타고 가다가 사고를 당하기도 했고요. 하지만 조금씩 과거의 습관들을 버리면서 점점 세상이 달라지는 것을 느꼈어요. 아니, 더 정확히 말하면 세상이 달라진 것이 아니라 보이지 않는 것들이 눈에 들어오기 시작했어요. 자동차를 타고 쌩하니 달릴 때는 몰랐는데, 갈매기가 보이고, 작은 꽃들이 보이는 거예요. 자동차를 운전할 때는 조금이라도 먼저 가려고 절대 양보도 안 했는데, 자전거를 타면서부터는 마음이 아주 느긋해졌어요.

이번에는 용기를 내어 새로운 일을 해보기로 했어요. 우리 가족이 먹을 것만큼은 직접 제 손으로 농사를 지어보려고 작은 주말농장을 가꾸기 시작했어요. 화학비료나 농약을 사용하지 않는 건 당근이죠. 그런데 처음으로 농사를 짓는 데다 오리 유기농법으로 하게 되니 말 그대로 엉망진창

이었지요. 혼자서는 도저히 할 수 없었답니다. 그래서 자연스럽게 이웃 어른들과 주민들에게 도움을 청하게 되었지요. 일손이 모자랄 때면 제가 하는 일에 관심을 갖고 있는 사람들이 와서 일손을 보태주었어요. 딸아이 친구의 부모님들까지 와서 도와주었고요. 하하, 그러다 보니 이웃들과 자연스럽게 얘기를 나누고 도움을 주고받게 되었어요. 주말농장이 다양한 생각들을 나눌 수 있는 교류의 장이 된 거예요.

마침내 2년의 실험 기간이 끝났어요. 돌이켜 보면 어려움도 많았지만 참 행복했던 시간이었어요. 소비를 줄인 삶에서 행복을 되찾은 것이지요. 그래서 저의 실험은 평생 계속될 것 같아요.

후쿠오카 켄세이, 《즐거운 불편》, 달팽이/재구성.

착한 도시

다음은 전 세계의 착한 도시들을 불러보지요.

지구가 더워지고 있는 데 가장 큰 역할을 한 것은 도시인 것 같아요. 제가 이렇게 생각하는 데는 이유가 있어요. 지구 온도가 상승한 기간과 도시화가 급진전된 시기가 겹치거든요. 자동차 연료와 전기 등 화석연료를 태워서 만든 에너지가 집약적으로 사용되는 곳이 바로 도시이기 때문에 당연한 결과겠지요. 그렇다면 도시가 변해야 세상도 변할 수 있을 거예요. 도시가 변하려면요? 그건 결국 그 도시에 살고 있는 우리가 변해야 한다는 얘기지요. 살아가는 방식을 조금씩 바꿔야 해요. 사람들이 다 함께 노력하면 도시는 크게 달라질 거예요. 저는 그런 도시를 '착한 도시'라고 불러요. 다른 사람들은 '저탄소 도시', '친환경 에너지 도시', '지속 가능한 도시'라고 부르기도 해요. 화석 에너지보다는 재생 가능 에너지를 쓰고 고효율과 절약으로 온실가스 배출량을 줄인다는 개념에서 나온 이름이지요. 그런 이름은 모두 기술에 기반을 두고 있어요.

그러나 이러한 기술 중심의 해법이 완전한 것은 아니에요. 기술의 발전으로 효율이 높아지면 비용을 절감할 수 있지만 그것은 다시 과도한 소비 행위로 이어질 수 있어요. 결국 기술의 향상만으로는 문제를 해결할 수 없다는 거예요. 에너지원을 재생 가능 에너지로 바꾸기만 하면 된다는 생각도 옳지 않아요.

그래서 저는 착한 도시에서는 성과보다는 성품이 중요하다고 생각해요. 나의 소비 행위가 도시에 영향을 미치고, 그 도시의 활동이 지구에 영향을 미친다는 것을 항상 생각해야 해요. 그렇게 되려면 소비를 줄이고 생활방식에서도 변화가 일어나야 할 거예요.

도시에서 온실가스를 가장 많이 배출하는 주범은 자동차라고 해요. 그러니 착한 도시의 첫 번째 조건은 자동차 운행을 줄이는 거예요. 착한 도시들의 다른 이름은 '대중교통이 잘 발달되어 있는 도시', '자전거 타기 좋은 도시', ' 걷고 싶은 도시' 랍니다.

런던 지하철에는 자전거 지도가 따로 있어요. 또 암스테르담의 인구는 75만 명인데 60만 대의 자전거가 거리를 돌아다녀요. 할머니, 할아버지도 양복 차림의 남자도, 치마를 입은 여자도 자전거를 타고 다니지요. 비가 오면 가방에서 비옷을 꺼내 입거나 우산을 든 채 타기도 해요.

세계에서 가장 살기 좋은 도시 1위로 꼽힌 곳은 어디일까요? 취리히예요. 그런데 취리히에는 지하철이 없답니다. 1962년, 1973년 두 번에 걸쳐 시민투표를 했어요. 건설 비용이 많이 드는 지하철을 놓을 것인지 말 것인지를 놓고요. 그런데 두 번 다 취리히의 시민들은 지하철을 거부했어요. 그 대신 '대중교통 뷔페'를 선택했답니다. 기차, 버스, 트램, 보트와 케이블카까지. 이러한 교통수단이 시민의 발이 되어주고 있어요. 샌프란시스코, 시카고 같은 도시에는 버스마다 자전거를 올릴 수 있는 거치대가 설치되어 있어요. 트램에는 자전거를 걸 수 있는 고리도 있고요. 그러니까 먼 거리를 가더라도 자전거 타고, 버스 타고, 트램 타고 다시 자전거를 타고 갈 수 있어요.

그런데 착한 도시에서 사람들이 자동차 대신 대중교통을 이용하면 할수록 그 지역 경제가 활성화된다는 보고가 있어요. 예를 들어 자동차를 타고 장을 보러 갈 때는 대형 마트를 찾아요. 그런데 이 대형 마트들의 주인은 대기업들이에요. 그러니 지역 주민들이 대형 마트에서 물건을 많이 산다고 해도 지역 주민에게 혜택이 돌아가는 건 아니에요. 그런데 자전거나 대중교통을 이용하게 되면, 아무래도 가까운 동네 마트, 동네 시장을 이용하게 될 거예요. 결국 자연스럽게 지역 경제가 활성화되겠지요.

착한 도시에서 두 번째로 주목해야 할 것은 건물이에요. 도시 사람들은 차를 타거나 아니면 건물 안에 있는 일이 많아요. 대부분의 도시에서 에너지를 가장 많이 소비하는 것이 건축물이에요. 그래서 착한 도시에서는 건물을 지을 때 에너지 효율을 최대화하고 물을 재사용하는 시설을 갖추고, 전기를 생산하는 설비까지 갖추는 것이 기본이라고 해요. 시카고에서는 2004년부터 공공건물은 무조건 착한 건물이 되도록 인증을 받는 것을 의무화했어요. 암스테르담의 국제 네덜란드 은행은 기존 건물에 비해 에너지 사용량이 10퍼센트 수준이고, 베이징에 지어진 아코드21 빌딩은 일반 건물에 비해 에너지를 70퍼센트나 적게 사용한다고 해요. 미국의 델라웨어 주에는 노인이나 장애인 등 저소득 가구의 주택을 에너지 효율적인 주택으로 개조하는 사업을 하고 있어요. 가난한 사람들이 사는 집은 대부분 시설이 낡고 노후해서 냉난방을 해도 효과가 거의 없어요. 그래서 단열재를 보강하여 에너지를 적게 쓰고도 더위와 추위를 이겨낼 수 있도록 주택을 개량하는 거예요.

"쇼핑한다, 고로 나는 존재하다." 도시 사람들의 생활방식을 잘 표현하고 있는 문장이지요. 그런데 쇼핑을 하면서도 에너지를 줄일 수 있어요. 영국에서는 가공식품에 사람 발자국 모양의 탄소 라벨을 붙이도록 하고 있어요. 탄소 라벨 제도는 기업이 제품을 생산할 때 원료의 생산에서 제품이 폐기되기까지의 이산화탄소 배출량을 숫자로 표시하도록 한 거예요. 소비자들이 그것을 보고 스스로 결정하게 하는 거지요. 독일에서는 제품을 만들 때 재생 에너지와 재생 원료를 사용했는지, 재활용 가능성을 높이기 위해 소재의 종류를 최소화했는지, 재활용 자재를 사용했는지, 또 소비자들이 제품을 쓰는 데 물이나 에너지가 얼마나 들어가는지를 평가하고 등급을 매겨요. 이 감시 기구의 평가 등급에 따라 제품의 판매량이 크게 좌우되기 때문에 기업들은 신경을 쓸 수밖에 없어요.

기업에 대해서도 탄소 발자국을 계산해요. 캐논이 77점으로 가장 우수한 점수를 받았고, 삼성은 33점을 받았다고 하네요. 우리나라에서도 우리가 생활 속에서 먹거리나 물품소비 등을 통해 만들어내고 있는 이산화탄소 발생량을 바로바로 계산할 수 있는 인터넷 사이트들이 많이 있답니다.

유럽에서는 탄소를 적게 배출하는 휴가 상품을 파는 여행사들이 등장

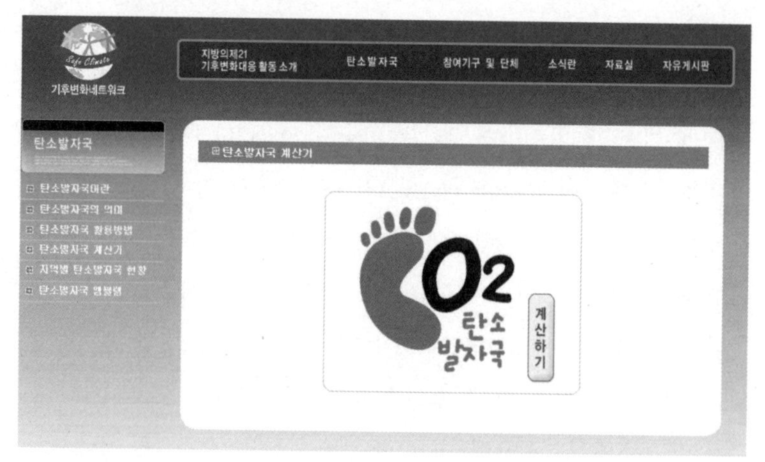

탄소발자국은 생태발자국에서 기후변화에 초점을 맞춘 개념으로 온실가스 중 그 비중이 가장 높은 이산화탄소의 발생량을 측정하여 나무 그루 수로 표시한 것이다. 기후변화네트워크에서 운영하는 사이트에서는 자신의 탄소발자국을 계산해볼 수 있다. http://www.la21.or.kr/climate/part2/part2_4.htm

했어요. 예를 들어 어떤 사람이 파리에서 마르세유까지 여행하려고 하는데 특급열차로 가면 탄소 배출량은 10킬로그램이에요. 비행기로 가면 187킬로그램, 자동차로 가면 313킬로그램이고요. 어떤 교통수단을 이용하느냐에 따라 탄소 배출량이 다르다는 것을 알면 소비자들도 다시 한 번 생각하게 될 거예요.

정혜진, 《착한 도시가 지구를 살린다》, 녹색평론사/재구성.

로커보어

착한 도시를 만드는 실험들이 이렇게 활발한지는 몰랐네요. 놀랐습니다. 그럼 마지막으로 로커보어들을 불러보지요.

안녕하세요. 우리는 일명 로커보어(locavore)랍니다. 지역이라는 뜻의 영어 'local'과 동식물(생태계 내에서 포식자)을 뜻하는 영어 'vore'를 합성한 말이에요. 그러니까 지역에서 난 것만을 먹는 사람들을 뜻해요. 왜 로커보어가 되었냐고요?

여러분의 오늘 아침 메뉴는 뭐였나요? 바나나우유하고 잼 바른 빵을 먹었다고요! 점심때는요? 흰 쌀밥과 명탯국에 쇠고기 장조림이랑 두부 부침, 그리고 후식으로 오렌지주스 한 잔을 마셨다고요? 그럼 저녁 메뉴는요? 치즈가 들어간 돈가스를 먹었다고요? 네, 그럼 여러분의 하루 동안의 먹을거리가 이동해 온 거리는 총 48,800킬로미터군요. 남한과 북한을 합한 길이가 1,000킬로미터 정도 되니까 여러분의 밥상 위에 오르기까지 약 50배나 되는 거리를 이동한 셈이네요.

일본 요코하마에는 '치마루하치마루(80×80)'라는 식당이 있어요. 인터넷 검색 엔진 회사인 구글의 구내식당 이름은 '카페150'입니다. 식당 이름에 붙은 숫자에는 의미가 있어요. 치마루하치마루(80×80)는 식당 인근 80킬로미터 반경 내에서 생산되는 식자재를 전체 식자재 중 80퍼센트 이상 사용한다는 뜻이고요, 구글의 카페150은 반경 150마일(약 240킬로미터) 이내에서 생산된 식자재를 쓴다는 뜻이에요. 15만 명의 조합원이 가입되어 있는 한국의 생활협동조합 한살림에서도 가까운 먹거리운동을 본격적으로 시작했답니다.

그런데 왜 굳이 지역에서 생산된 음식을 먹으려고 하는 걸까요? 그렇게 하면 환경을 보호할 수 있기 때문이에요. 먼 지역에서 나는 먹을거리

푸드 마일리지란 식자재가 얼마나 많이, 얼마나 멀리서 이동해 오는지를 나타내는 지표다. 물량에 거리를 곱해 구한다. 이 값이 높으면 불필요한 에너지 소비가 많으며 아울러 환경에도 나쁜 영향을 미친다는 뜻이다.

를 운송하려면 배나 기차, 비행기를 이용하잖아요. 그러면 당연히 이산화탄소가 많이 발생하겠죠. 또 먼 거리를 이동하는 동안 상할까 봐 화학약품 처리를 하게 되니까 우리 몸에도 좋지 않아요. 가까운 지역에서 나는 것을 먹으면 이산화탄소 발생량도 줄이고, 건강에도 좋고, 지역 농민들에게도 도움이 돼요. 일석삼조이지요.

이렇게 가까운 지역에서 나오는 것을 먹자는 캠페인을 '푸드 마일리지(food mileage)'라고 해요. '푸드 마일리지' 값은 이동해 온 식재료의 무게에 거리를 곱하면 돼요. 이 값이 크면 클수록 에너지를 많이 소비한 것이고, 환경 오염을 시켰다는 뜻이에요.

최근 일본 농림수산 정책연구소가 1인당 푸드 마일리지를 조사했어요.

	주재료	원산지	이동 거리
바나나우유	바나나	필리핀	2,600km
딸기잼	딸기	전라도 광주	2,93km
빵	밀가루	호주	8,283km
쇠고기 장조림	쇠고기	호주	8,283km
두부 부침	콩	미국	9,548km
명탯국	명태	일본	1,214km
오렌지주스	오렌지	미국산	9,548km
치즈	치즈	프랑스	8,991km
돼지고기	돼지고기	경기도 이천	40km
총			48,800km

* 식재료의 중량을 계산하지 않고 단순 거리로 환산한 것임.

일본이 7,093km/t, 영국이 3,195km/t, 독일이 2,090km/t, 프랑스가 1,798km/t, 미국이 1,051km/t로 나타났어요. 우리나라는 6,637km/t로, 일본보다는 낮지만 만만치 않게 높네요.

세상을 구하는 사람들

여기에 소개된 림보뚜벅 말고도 우리 주변에는 많은 림보뚜벅이들이 있어요. 쓰레기 분리수거를 철저히 하는 사람들, 대기 전력을 줄이기 위해 사용하지 않는 전기 제품의 플러그를 꼭 뽑아놓는 사람들, 자동차를 타지 않고 대중교통을 이용하는 사람들, 출근길에 같은 방향의 사람과 함께 차를 타는 카풀족, 불필요한 쇼핑은 하지 않는 사람들, 음식물 쓰레기를 남기지 않기 위해 먹을 만큼만 덜어서 먹는 사람들, 태양광 발전소를 짓는 데 돈을 투자하는 사람들, 태양열 온수기를 설치하는 사람들, 옥상에 화분 텃밭을 가꾸는 사람들…… 모두가 림보뚜벅들이에요. 느림보라 좀 느리긴 하겠지만 결국은 이들이 세상을 구하지 않을까요?

과학 선생들의 현대 과학 다시 보기

과학, 일시정지

1판 1쇄 2009년 8월 20일
1판 28쇄 2024년 7월 5일

지은이 가치를꿈꾸는과학교사모임
그린이 최진혁
펴낸이 조재은
편집 김인정 임중혁 송수남 이정화
마케팅 조희정 김상구
관리 정영주

펴낸곳 양철북
등록 2001년 11월 21일 제25100-2002-380호
주소 서울시 영등포구 양산로91 리드원센터 1303호
전화 02-335-6407
팩스 02-335-6408
전자우편 tindrum@tindrum.co.kr
ISBN 978-89-6372-004-3 03400
값 15,000원

©가치를꿈꾸는과학교사모임, 2009
이 책의 내용을 쓸 때는 저작권자와 출판사의 허락을 받아야 합니다.

• 저작권자가 명확하지 않거나 연락이 안 되어 계약되지 않은 사진은
원저작자가 연락을 주시면 관례에 따른 합당한 사용료를 지불하겠습니다.
• 잘못된 책은 바꾸어드립니다.